DES
PROCÉDÉS DE DOSAGE

DE

L'HÉMOGLOBINE

PAR

Eugène LAMBLING

DOCTEUR EN MÉDECINE

Ancien préparateur de chimie à la Faculté de médecine de Nancy

NANCY

IMPRIMERIE NANCÉIENNE, 1, RUE DE LA PÉPINIÈRE

1882

DES
PROCÉDÉS DE DOSAGE

DE

L'HÉMOGLOBINE

PAR

Eugène LAMBLING

DOCTEUR EN MÉDECINE

Ancien préparateur de chimie à la Faculté de médecine de Nancy

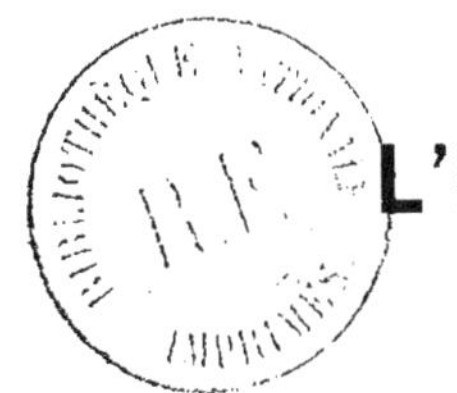

NANCY

IMPRIMERIE NANCÉIENNE, 1, RUE DE LA PÉPINIÈRE

—

1882

DES

PROCÉDÉS DE DOSAGE

DE

L'HÉMOGLOBINE

INTRODUCTION

Le rôle de l'hémoglobine du globule sanguin, au double point de vue de la respiration des éléments anatomiques et de leur excitation vitale, est des plus importants.

Le sang, pendant son passage si rapide à travers les poumons, fixe l'oxygène qui doit servir à la respiration des tissus.

Cet oxygène se trouve contenu dans le sang sous deux formes : une faible quantité est dissoute dans le sérum, tandis que la majeure partie est retenue chimiquement combinée.

Cette combinaison, si facilement effectuée dans les poumons, se défait avec une égale rapidité en présence des tissus, pendant le court instant que dure le passage du sang à travers les capillaires généraux.

La substance qui sert ainsi d'intermédiaire entre l'air et les tissus est l'hémoglobine. C'est elle dont la combinaison avec l'oxygène présente ce double caractère si curieux : affinité énergique et instabilité relative.

Dans des conditions d'intégrité parfaite de la matière colorante, la quantité d'oxygène fixée peut atteindre un maximum constant.

Il suffit donc que le sang contienne une moindre proportion d'hémoglobine pour qu'il en résulte un apport moindre aux tissus du gaz nécessaire aux combustions organiques. De là diminution de ces combustions, diminution de l'excitabilité des éléments anatomiques, et déchéance de tout l'être vivant.

Il y a donc, au double point de vue physiologique et clinique, un grand intérêt à posséder un moyen à l'aide duquel on puisse suivre les variations de quantité et de qualité de l'hémoglobine, sous l'influence de conditions physiologiques, pathologiques ou expérimentales, ou sous l'action thérapeutique d'un médicament.

Malheureusement le médecin, physiologiste ou clinicien, qui veut faire des dosages d'hémoglobine, est effrayé du nombre toujours croissant de procédés qui s'offrent à lui, et la multiplicité des méthodes et des appareils semble lui indiquer que le problème n'a pas encore reçu de solution satisfaisante.

En est-il vraiment ainsi ? C'est ce qu'il m'a semblé utile de rechercher.

Le but que je me suis proposé dans ce travail est donc le suivant : étudier les différentes méthodes qui ont été proposées pour le dosage de l'hémoglobine et les procédés que comporte chacune de ces méthodes ; vérifier l'exactitude du principe de chacun d'eux ; déterminer quelle est en pratique la limite des erreurs possibles, les conditions de rapidité et de facilité du dosage ; voir enfin quel est le procédé qui joint à une exactitude suffisante la facilité et la rapidité d'exécution nécessaires aux recherches cliniques, quel est, au contraire, celui qui répondra aux exigences plus sévères d'un travail de laboratoire.

La difficulté principale que rencontre le dosage qui nous occupe, est la nécessité d'opérer aussi bien, en clinique que dans les recherches physiologiques, sur de très petites quantités de sang. La suppression absolue de la saignée en fait une nécessité en clinique ; et d'ailleurs on a reconnu que des soustractions répétées de quantités même relativement faibles de sang altèrent la composition de ce liquide. Ces considérations, d'abord secondaires, dominent aujourd'hui la question. Aussi les procédés purement chimiques qui exigent en général une notable quantité de sang, sont-ils relégués au second plan, et remplacés par les procédés colorimétriques souvent moins exacts, mais plus simples et plus rapides, et ne demandant que quelques gouttes de liquide.

Dans ces dernières années, on a appliqué au dosage de l'hémoglobine une méthode purement physique, la méthode spectrophotométrique qui, tout en n'exigeant que des quantités minimes de sang, semble présenter toutes les conditions d'exactitude désirables.

Ces trois méthodes : chimique, colorimétrique et spectrophotométrique seront examinées successivement dans ce travail. Il m'a été impossible d'étudier en détail les nombreux procédés que comporte chacune d'elles, et surtout de me procurer tous les appareils nécessaires à une étude absolument complète. Néanmoins les plus importants, ceux qui peuvent servir de type dans chaque méthode, ont été soumis à un examen approfondi. Les autres ont été simplement décrits et discutés dans leur principe fondamental.

Il ne suffit pas de connaître tous les détails d'un procédé de dosage ; il faut aussi en posséder les raisons. Aussi ai-je cru devoir exposer en premier lieu les principales propriétés de l'hémoglobine, et en particulier celles qui ont fourni le point de départ d'une méthode de dosage.

Le plan de ce travail est donc le suivant :

Une première partie est consacrée à l'histoire des matières colorantes du sang et de quelques produits de décomposition ou de substitution.

Dans une deuxième partie, on étudie les différents procédés de dosages dans l'ordre suivant :

1° Dosage par le fer ; 2° dosage par l'hématine ; 3° dosage par l'oxygène absorbé ; 4° dosage par le chlore.

Un second chapitre, consacré à l'exposé des méthodes colorimétriques, est subdivisé en deux paragraphes relatifs aux méthodes à étalon fixe et à étalon variable.

La méthode spectrophotométriqne fait l'objet d'un troisième chapitre.

Enfin, le travail se termine par la discussion des résultats obtenus, leur comparaison et l'exposé des conclusions qui en découlent.

PREMIÈRE PARTIE

CHAPITRE I

DES MATIÈRES COLORANTES DU SANG

GÉNÉRALITÉS. — Le sang veineux des vertébrés contient dans ses globules rouges deux matières colorantes, dont la transformation réciproque, facile à reproduire artificiellement, constitue un phénomène physiologique de la plus haute importance.

Si le sang est mis en contact, pendant son passage à travers l'appareil respiratoire, avec une quantité suffisante d'air, il devient artériel et ne contient plus qu'une seule de ces matières colorantes. L'autre a disparu : en fixant de l'oxygène, elle s'est transformée dans la première.

Un phénomène inverse a lieu pendant le passage du sang à travers les capillaires des différents organes. Une partie plus ou moins considérable de la matière colorante unique cède son oxygène, et reproduit ainsi la matière colorante propre au sang veineux.

Cette transformation est rendue sensible à l'œil par les changements de coloration bien connus du sang agité avec l'oxygène ou l'acide carbonique.

Hoppe-Seyler a nommé *hémoglobine* la matière colorante du sang veineux qui, fixant de l'oxygène atmosphérique dans les poumons, se transforme en *oxyhémoglobine,* à laquelle est due la rutilance du sang artériel.

§ I. — Oxyhémoglobine.

L'hémoglobine oxygénée ou réduite est la seule matière colorante rouge du sang. Vierordt, qui a étudié le premier d'une manière exacte le spectre d'absorption du sérum, a montré combien est minime le pouvoir absorbant de ce liquide dans les différentes régions spectrales, et principalement dans la région D-E, où l'action exercée par l'oxyhémoglobine atteint son maximum.

Cette matière colorante n'existe que dans les globules rouges. Elle constitue les 9/10° de leur poids à l'état sec. Un litre de sang humain en contient environ 120 à 140 gr.

Le pigment sanguin ne forme pas à l'intérieur du globule un dépôt granulé ou cristallisé; sa présence ne peut être décelée que par les réactions qui s'appliquent à ses solutions aqueuses. Étant donné le coefficient de solubilité de l'hémoglobine pour l'eau, on ne peut admettre que cette dernière s'y trouve en dissolution. D'autre part, elle est soluble en totalité dans le plasma, et cependant elle ne passe pas, à l'état normal du moins, des globules dans le plasma par exosmose.

Il faut donc bien admettre que l'oxyhémoglobine est retenue dans le globule par une affinité chimique, qu'elle y existe sous forme d'une combinaison qui se défait par addition d'eau, d'éther ou de chloroforme.

Hoppe-Seyler incline à penser que le corps qui fixe ainsi l'oxyhémoglobine est la lécithine, substance précisément soluble dans les dissolvants qui provoquent la cristallisation de l'oxyhémoglobine, c'est-à-dire la dissociation de cette combinaison inconnue.

PRÉPARATION. — Toute réaction produisant une séparation de la matière colorante d'avec le stroma incolore du globule fournit un procédé de préparation. Le tout est de détruire le globule sans décomposer la matière colorante qu'on veut mettre en liberté.

On peut détruire le globule par la congélation ou les décharges électriques (Rollet), par addition d'eau (Funcke, Kunde), au moyen d'un courant d'oxygène, puis d'acide carbonique (Lehmann), par l'électrolyse (Schmidt), par chauffage au bain-marie à 60° (Schultze), par addition de sels pulvérisés (Bursy), à l'aide de l'éther liquide ou en vapeurs (Vittisch), de chloroforme (Bœttcher), de benzol (Starkow), de sels biliaires (Thiry et Kühne), de la putréfaction en vase clos (Pasteur).

Chez certains animaux, il suffit de produire la dissolution du globule. La cristallisation s'effectue spontanément.

Je n'indiquerai ici que le procédé spécialement recommandé par Preyer, en y ajoutant quelques observations suggérées par mon expérience personnelle, et le souvenir d'une foule de difficultés de détail que la pratique soulève à chaque pas, et dont dépend le résultat final.

On recueille le sang dans une capsule, et on l'abandonne à la coagulation pendant quelques heures, mieux encore pendant toute une journée, dans un endroit frais. Le sérum est ensuite décanté, et l'on enlève autant que possible la graisse et les globules blancs qui se sont rassemblés à la surface du caillot. On lave rapidement à l'eau glacée le caillot grossièrement divisé; puis, si la température s'y prête, on le fait congeler et on le triture. Sinon on se contente de le diviser soigneusement, puis on le jette sur un grand filtre, où l'on continue les lavages à l'eau distillée glacée. Quand le liquide qui s'écoule ne donne plus qu'un trouble laiteux avec le sublimé corrosif, on procède à l'épuisement du caillot en employant de l'eau distillée à 40° en volume à peu près égal à celui du sang mis en traitement. Le liquide filtré est reçu dans un grand cylindre gradué entouré de glace. On distrait une portion de ce liquide, et on détermine le volume d'alcool nécessaire pour produire un commencement de trouble persistant. On mêle le liquide sanguin avec une quantité d'alcool moindre que celle qui a été déterminée par le calcul, et on abandonne le tout dans un mélange réfrigérant.

La cristallisation s'effectue déjà au bout de quelques heures. Le rendement est considérable. Les cristaux sont séparés de leurs eaux mères par filtration et lavées à l'eau glacée d'abord légèrement alcoolisée, puis pure.

C'est ici que j'ai rencontré les plus grandes difficultés. La bouillie cristalline que l'on obtient, ne se lave par décantation que d'une façon très incomplète et avec des pertes énormes.

La filtration, d'autre part, est d'une lenteur désespérante, à cause de la proportion assez forte d'albumine que contient encore le liquide, et surtout à cause du tassement des cristaux microscopiques, qui obstruent les pores du filtre. La filtration sur de l'amiante, à l'aide de la trompe, s'arrête également très vite. Il est préférable de filtrer sur un filtre à plis, en adaptant à la queue de l'entonnoir le tube à filtration rapide, recourbé sur lui-même et long d'environ 1 mètre. La succion est suffisante pour hâter la filtration sans qu'il y ait rupture du filtre, accident pour ainsi dire inévitable si l'on veut se servir de la trompe.

On entoure l'entonnoir en verre d'un autre entonnoir en fer-blanc. L'intervalle est rempli de glace, que l'on renouvelle de temps en temps. J'ai pu faire ainsi rapidement des lavages multiples sans avoir de décomposition de la matière colorante qui doit conserver sa belle couleur rouge brique.

Quand les eaux de lavages ne précipitent plus ni par le sublimé, ni par le nitrate d'argent, ni par l'acétate triplombique, on distrait une petite quantité de matière que l'on calcine, afin de s'assurer, au moyen du molybdate d'ammonium, que les cendres ne contiennent plus de phosphore.

Une deuxième et une troisième cristallisation sont nécessaires. Si l'on est parti, par exemple, de deux litres de sang de cheval, le rendement est si abondant qu'on peut aisément se résigner aux pertes considérables qu'entraînent ces cristallisations répétées.

On introduit le filtre tout entier, avec les cristaux, dans un flacon à large col, et l'on ajoute de l'eau distillée à 25°. Une agitation prolongée est souvent nécessaire pour achever la dissolution. Le liquide filtré, refroidi à 0°, est additionné du quart de son volume d'alcool également refroidi. Le tout est remis pendant huit à dix heures dans un mélange réfrigérant.

Les cristaux purifiés sont finalement redissous dans de l'eau, et la solution obtenue est répartie dans de petits ballonnets à long col que l'on étire à la lampe, en ayant soin de laisser aussi peu d'air que possible.

Tel est le procédé qui m'a servi à la préparation des liqueurs normales. J'ai opéré sur du sang de cheval et du sang de chien et toujours fait trois recristallisations, soit en tout quatre cristallisations successives.

Le titre de ces solutions normales est obtenu de la façon suivante : on introduit dans un petit vase de Bohême 25 ou 30 cent. cubes de la solution, et on évapore dans le vide en présence de l'acide sulfurique et à une basse température ; on se sert pour cela d'un dessicateur à vide formé d'une sorte de cristallisoir contenant de l'acide sulfurique, et sur lequel s'adapte hermétiquement une petite cloche terminée par un tube à robinet. Le vide est obtenu et maintenu à l'aide d'une petite trompe d'Alvergniat. La cloche toute entière, entourée de glace pilée que l'on renouvelle deux ou trois fois par jour, est introduite dans une petite glacière munie d'une portière vitrée, et dans laquelle circule un courant d'eau froide. Au bout de six à huit jours, la solution est complètement desséchée. On achève la dessication à 112° dans une étuve à air, jusqu'à ce que le poids du résidu reste constant. Ce résidu est constitué par de l'hémoglobine sèche.

PROPRIÉTÉS PHYSIQUES. — Les cristaux d'oxyhémoglobine ainsi obtenus sont transparents, brillants et d'une couleur rouge brique. Ils sont biréfringents et dichroïques, et leur forme géométrique varie avec leur origine.

Toutes les oxyhémoglobines étudiées jusqu'ici sont solubles dans l'eau. Mais la solubilité est extrémement variable d'une espèce animale à l'autre Hoppe-Seyler a trouvé que 100 cent. cubes d'eau dissolvent, à 5°, 2 gr. d'oxyhémoglobine de chien desséchée à 100°.

Les cristaux sont insolubles dans l'alcool. Un contact prolongé avec ce liquide ou même simplement avec de l'eau alcoolisée, diminue considérablement la solubilité des cristaux dans l'eau. Des traces de potasse, d'ammoniaque ou de carbonate de soude augmentent la solubilité et la stabilité des solutions.

L'oxyhémoglobine ne diffuse pas à travers le papier parchemin, ni vers l'eau, ni vers les acides, ni vers les alcalis.

Les solutions aqueuses d'oxyhémoglobine ont la couleur rouge vif du sang artériel étendu, et les phénomènes spectroscopiques qu'elles présentent, ne les distinguent en rien d'une solution sanguine étendue. Ces réactions sont les mêmes, quelle que soit l'origine de la matière colorante.

Une solution d'oxyhémoglobine un peu concentrée ne laisse passer qu'un spectre pâle limité au rouge et à une partie de l'orangé. Si l'on diminue peu à peu l'épaisseur de la solution ou sa concentration par addition d'eau, le spectre s'éclaire jusqu'en D. La première couleur qui apparaît ensuite est le vert qui devient visible entre E et *b*. Une dilution plus grande fait apparaître un peu de jaune verdâtre à peu près à égale distance de D et de E, ce qui divise en deux bandes le large espace obscur qui séparait la première trace du vert du commencement du spectre. En même temps l'obscurité recule de plus en plus du côté du violet. Finalement, le sceptre n'est plus modifié que par la présence de deux bandes d'absorption situées entre E et D ; la première, plus étroite, plus obscure, se trouve très près de D ; la seconde, à bords moins nets, mais plus large, reste un peu en deçà de E.

Une solution de 1 gr. d'oxyhémoglobine dans dix litres d'eau, observée sous une épaisseur de un centimètre, présente encore très nettement ces deux bandes d'absorption. Ces phénomènes seront étudiés d'une manière plus précise à propos de la méthode spectrophotométrique

Propriétés chimiques. — Les cristaux d'oxyhémoglobine doivent être desséchés à 0°. Ils conservent, dans ce cas, leur couleur rouge brique, claire, et se redissolvent en totalité dans l'eau. L'oxyhémoglobine *complètement* desséchée à 0°, peut être portée pendant plusieurs heures à une température de 115°, sans éprouver de décomposition sensible. Mais si la dessication n'a pas été complète, les cristaux prennent une couleur brun sale et ne se dissolvent plus en totalité dans l'eau. Pour avoir une solution titrée, il est donc préférable de la faire quelconque, et d'en déterminer le titre par l'évaporation dans la vide, à 0°, d'un volume connu, dont on pèse le résidu desséché à 110°.

Les oxyhémoglobines contiennent de l'eau de cristallisation, probablement en quantité variable, selon leur origine. Des cristaux d'oxyhémoglobine de sang de chien, desséchés dans le vide à 0°, perdent encore de 3 à 4 p. 100 de leur poids, quand on les chauffe à 100°.

Les analyses élémentaires d'oxyhémoglobine portent toutes sur des cristaux desséchés à 0°, puis à 110°. Pendant cette dessication, l'oxygène faiblement combiné se dégage, et on soumet en réalité à l'analyse de l'hémoglobine et non pas l'oxyhémoglobine. Mais si l'oxygène ainsi mis en liberté, présente un volume appréciable, son poids, par contre, est tout à fait minime. Ainsi, 100 gr. d'oxyhémoglobine ne contiennent guère que $0^{gr},24$ d'oxygène faiblement combiné. Or, nos solutions normales sont, en moyenne, à 1 gr. p. 100. Leur résidu sec exprime donc aussi exactement leur richesse en hémoglobine qu'en oxyhémoglobine.

Je ne reproduirai pas les tableaux indiquant la composition centésimale des différentes hémoglobines analysées jusqu'ici. Elles contiennent toutes du carbone, de l'hydrogène, de l'oxygène (oxygène de constitution, non enlevé par le vide), de l'azote, du soufre, et enfin du fer. Le phosphore indiqué par quelques auteurs provient de la nucléine ou de la lécithine. Un seul chiffre nous intéresse, au point de vue du dosage : c'est celui du fer. Il présente les variations suivantes :-

```
Homme et bœuf................    0ᵍʳ,42 p. 100
    Chien........................    0 ,43   —
    Cheval ......................    0 ,47   —
    Cochon d'inde................    0 ,48   —
    Ecureuil.....................    0 ,59   —
Oie ............................    0 ,43   —
```

Preyer indique pour le sang de chien le chiffre de $0^{gr},42$. Les tableaux analytiques cités par les auteurs ne donnent pas une idée complète de la composition de l'oxyhémoglobine, puisque la dessication dans le vide a chassé l'oxygène faiblement combiné. En quelle quantité est fixé cet oxygène qui fait partie de la molécule oxyhémoglobine, et dont le facile déplacement constitue le caractère distinctif de ce corps? Cette question sera traitée en détail à propos du dosage de l'hémoglobine par la détermination de l'oxygène combiné.

Les solutions d'oxyhémoglobine sont très altérables à l'air et à la température ordinaire. Les bords du filtre sur lequel a passé la solution se colorent presque aussitôt d'un liseré brun rougeâtre, dû à la formation d'un peu de méthémoglobine. Cette altérabilité de l'oxyhémoglobine empêche la conservation d'une solution titrée au delà d'une huitaine de jours. Nous verrons plus loin, en parlant de l'hémoglobine, comment cette difficulté peut être tournée.

Les solutions d'oxyhémoglobine ont été examinées par Preyer, au point de vue de leur action sur la plupart des corps de la chimie. Voici simplement les caractères de pureté de la solution.

Elle ne doit pas précipiter par le sublimé corrosif, ni par le nitrate d'argent, ni par l'acétate de plomb. Mais ces réactifs, ainsi que la solution, doivent être employés à une température voisine de $0°$, sous peine d'obtenir des précipités, même avec des solutions pures. Il ne faut d'ailleurs tenir compte que des précipités qui se forment immédiatement. Evaporée et calcinée, la solution laisse un résidu d'oxyde ferrique pur qui, traité par l'acide azotique, ne doit pas jaunir le molybdate d'ammonium (absence de phosphore). Preyer ajoute que, dans ces conditions, et après plusieurs cristallisations, on peut considérer le produit comme pur.

En présence des acides minéraux ou organiques, même étendus, et à une température modérée, l'oxyhémoglobine se décompose en hématine et en une matière albuminoïde coagulable. On admet, d'après la comparaison des formules, que 100 gr. d'oxyhémoglobine sèche fournissent $4^{gr},7$ d'hématine. Mais cette donnée n'a pas été vérifiée directement.

Les réducteurs en solution faiblement alcaline ou neutre, tels que le sulfure d'ammonium, le stannite de sodium, transforment l'oxyhémoglobine en hémoglobine. La réaction est souvent assez lente. Avec l'hydrosulfite de soude elle est instantanée. Le vide aidé de la chaleur, ou un courant d'un gaz inerte longtemps prolongé, produisent le même effet.

§ II. — Hémoglobine.

État naturel et préparation. — L'hémoglobine se rencontre dans le globule du sang veineux, à côté de l'oxyhémoglobine. On ne peut l'extraire directement du sang, ni la conserver autrement qu'à l'abri de l'air. L'oxygène, en effet, la transforme très rapidement en oxyhémoglobine.

Pour la préparer, on part de l'oxyhémoglobine que l'on réduit soit par le vide, soit par un courant d'hydrogène, ou tout simplement en l'abandonnant dans un tube scellé avec petit volume d'air.

Propriétés physiques. — D'après Hoppe Seyler, l'hémoglobine est incapable de cristalliser, et ses solutions évaporées dans le vide ne laissent que des résidus amorphes. Hüfner a vu, au contraire, le sang putréfié en vase clos abandonner souvent des cristaux d'hémoglobine.

Les solutions d'hémoglobine sont dichroïques, plus foncées que les solutions d'oxyhémoglobine. Leur aspect est celui du sang veineux.

Cette substance en solution concentrée absorbe tout le spectre, sauf le rouge. La dilution fait successivement apparaître le vert, et reculer l'obscurité du côté du violet. Mais entre le vert et le rouge, persiste une large bande d'absorption à bords lavés, dont le milieu se trouve à égale distance des deux bandes de l'oxyhémoglobine, mais qui disparaît plus rapidement que celles-ci par la dilution. Cette circonstance permet de reconnaître au spectroscope la présence simultanée des deux corps.

Propriétés chimiques. — L'action des réactifs ne peut être étudiée qu'a l'abri de l'air et avec des dispositifs spéciaux.

Si on porte à 100° en l'absence de l'air, une solution d'hémoglobine, elle se dédouble en une matière albuminoïde coagulable et en hémochromogène. S'il est resté de l'air, la décomposition va d'emblée jusqu'à l'hématine.

Les acides et les alcalis opèrent très rapidement cette décomposition. Mais en présence d'un acide, l'hémochromogène abandonne son fer à l'état de sel ferreux, et donne naissance à de l'hématoporphyrine (1). Ces réactions montrent la différence capitale qui existe entre les deux matières colorantes du sang. Le petit tableau suivant résume ces réactions :

Oxyhémoglobine se décompose en présence des acides en :	1° Matière albuminoïde. 2° *Hématine.*
Hémoglobine se décompose à l'abri de l'air, en présence des alcalis, en :	1° Matière albuminoïde. 2° *Hémochromogène* qui, au contact de l'air, se transforme rapidement en hématine.

Ces expériences montrent de plus que c'est le noyau coloré, l'hémochromogène, qui fixe l'oxygène faiblement combiné ; il est probable que ce noyau coloré est le même dans toutes les hémoglobines. La quantité d'oxygène fixée est-elle la même aussi ? C'est ce qui reste à démontrer.

Les réactions précédentes nous présentent l'hémoglobine comme une substance facilement décomposable. Et cependant, dans d'autres conditions, elle montre une remarquable stabilité, et sa résistance à la putréfaction est pour ainsi dire illimitée.

Hoppe-Seyler a fait, à ce sujet, les expériences les plus concluantes et de la plus haute importance au point de vue de la conservation des solutions titrées.

Lorsqu'on enferme dans des tubes scellés, avec ou sans corps en putré-

---

(1) C'est à un semblable produit qu'avaient à faire probablement MM. Paquelin et Jolly, quand ils ont soutenu que la matière colorante du sang ne contient pas de fer.

faction, une solution aqueuse d'oxyhémoglobine, et qu'on abandonne le tout à la température ordinaire, on voit la solution prendre une teinte veineuse dans des limites de temps variables. Si l'on retourne le tube, et si l'on examine au spectroscope le liquide qui s'écoule le long des parois, on voit que les raies de l'oxyhémoglobine ont été remplacées par la bande unique de l'hémoglobine. A partir de ce moment les phénomènes spectroscopiques restent les mêmes pendant plusieurs années.

Des solutions d'oxyhémoglobine pure peuvent se conserver intactes à l'état d'hémoglobine, si on empêche tout accès de l'air. Citons ici une des expériences de Hoppe-Seyler: Une solution d'oxyhémoglobine de chien pure est enfermée dans des tubes scellés. Au bout d'un an, le titre, qui était 3^{gr},884 p. 100, est tombé à 3^{gr},823. L'examen spectroscopique ne révèle la présence d'aucun produit de décomposition. Il faut donc admettre que la putréfaction a débarrassé l'oxyhémoglobine d'impuretés inévitables. De là le léger abaissement du titre.

Si l'on abandonne à l'air, dans un vase cylindrique, une solution de sang, le spectroscope montre, au bout de peu de temps, que le liquide ne contient plus d'oxyhémoglobine, excepté à la surface, dans une couche de quelques millimètres. En effet, l'oxygène absorbé au contact de l'air est incessamment employé à des phénomènes de putréfaction, phénomènes assez rapides pour limiter l'oxydation de la matière colorante, et la confiner dans une mince couche à la surface du liquide. Si on refroidit la solution, ou si on y ajoute de l'alcool, le processus putride est ralenti, et la couche contenant de l'oxyhémoglobine descend plus en avant dans le liquide.

Ces expériences nous expliquent comment il se fait que du sang abandonné à lui-même en été et à l'air libre, conserve sa capacité respiratoire qui est fonction, comme on le verra, de sa richesse en hémoglobine.

En second lieu, elles nous fournissent un moyen de conserver les solutions d'oxyhémoglobine. Il suffit de les enfermer, ainsi que le propose Hoppe-Seyler, dans des tubes scellés avec aussi peu d'air que possible. L'oxyhémoglobine si altérable est rapidement transformée en hémoglobine imputrescible. Au moment des besoins, on ouvre le tube, on dilue convenablement la solution, et on détermine son titre par évaporation. Ces manœuvres suffisent amplement pour oxyder toute l'hémoglobine.

Identité des différentes hémoglobines. — Hoppe-Seyler semble peu disposé à admettre cette identité. Il met surtout en lumière les différences profondes dans la solubilité. Rollet n'accorde à cet argument qu'une valeur secondaire. Selon lui, cette question des solubilités est entièrement à revoir. Des déterminations comparatives faites sur des substances pures et dans des conditions identiques manquent d'ailleurs totalement. Les différences dans la composition centésimale n'auraient pas plus de valeur, la matière analysée n'étant jamais complètement pure. Ainsi l'odeur propre à chaque sang subsiste malgré des cristallisations répétées.

Au contraire, l'identité des phénomènes spectroscopiques est un argument d'une grande valeur en faveur de l'identité des hémoglobines. On a vu plus haut que l'hémoglobine se compose d'un noyau de nature albuminoïde sur lequel se greffe un autre noyau coloré. Des mesures spectrophotométriques (1) très nombreuses ont amené Hüfner à l'hypothèse suivante : selon lui, il est très probable que si les hémoglobines diffèrent les unes des autres, c'est par le noyau albuminoïde. Le noyau coloré, celui dont dépend l'absorption lumineuse, reste probablement le même. Cette hypothèse n'est pas fondée seulement sur une simple inspection du spectre des différentes espèces de sang, mais sur des mesures spectrophotométriques exactes dont le résultat peut se formuler ainsi : le quotient des rapports d'absorption dans deux régions spectrales données, ne varie pas sensiblement d'une espèce animale à l'autre.

Nous reviendrons en détail sur cette question si intéressante dans le chapitre consacré à la méthode spectrophotométrique.

De quelques matières colorantes anormales. — Je tiens à ajouter quelques mots relatifs à un produit de substitution de l'oxyhémoglobine, l'hémoglobine oxycarbonique, et à un produit de décomposition, la méthémoglobine. Comme il sera question de ces deux composés dans le courant de ce travail, il n'est pas inutile de rappeler ici les points saillants de leur histoire.

L'*hémoglobine oxycarbonique* prend naissance par substitution à volumes égaux de l'oxyde de carbone à l'oxygène faiblement combiné de l'oxyhémo-

---

(1) Voir chapitre III.

globine. Ce composé présente les mêmes formes cristallines que l'oxyhémoglobine correspondante, et au spectroscope les mêmes bandes d'absorption
entre D et E, mais légèrement reportées vers E. Sous l'influence des agents
réducteurs, ces deux bandes persistent. En vase clos, la conservation de
l'hémoglobine oxycarbonique est pour ainsi dire indéfinie.

Tous les corps oxydants transforment l'oxyhémoglobine en *méthémoglobine*. Toutefois si le milieu est acide, la décomposition va jusqu'à l'hématine.

D'après Hoppe-Seyler, la méthémoglobine ne serait pas un peroxyde
de l'hémoglobine, encore moins un mélange d'hématine et de matière albuminoïde, comme on l'a prétendu. Elle contient au contraire moins d'oxygène
que l'oxyhémoglobine, mais plus que l'hémoglobine. Cet oxygène n'est pas
faiblement combiné et ne se dégage pas dans le vide.

Les réducteurs en solution neutre ou faiblement alcaline transforment la
méthémoglobine en hémoglobine qui, au contact de l'air, reproduit l'oxyhémoglobine.

Au spectroscope, ce composé est caractérisé par une bande d'absorption
en plein rouge entre C et D. Cette bande se distingue facilement de celle de
l'hématine. Les alcalis la font disparaître rapidement ; les réducteurs neutres
ou alcalins produisent aussi cet effet, en même temps qu'ils font apparaître
la bande de l'hémoglobine.

DEUXIÈME PARTIE

MÉTHODES DE DOSAGE

CHAPITRE I

MÉTHODES CHIMIQUES

Les méthodes chimiques consistent en général à doser soit un produit de décomposition de la matière colorante, soit un des principes qui entrent dans sa composition.

J'exposerai successivement le dosage de l'hémoglobine par le fer, par l'hématine, et par la quantité maxima d'oxygène absorbé.

Le procédé décolorimétrique de M. Quinquaud, fondé sur la destruction de la matière colorante par le chlore, trouve naturellement sa place dans cet exposé des procédés chimiques.

§ 1. — Dosage de l'hémoglobine par le fer.

On admet que l'hémoglobine contient 0,42 p. 100 de fer, proportion constante (?), qui peut être dosée dans les cendres du sang par les procédés ordinaires.

Si l'on désigne par f la quantité de fer déterminée dans les cendres de 100 grammes de sang, le poids d'hémoglobine qui correspond à ce fer sera :

$$x = \frac{100}{0,42} \cdot f = f \times 238,1.$$

Tel est le principe. Le manuel opératoire proposé par Pelouze est le suivant. On évapore doucement dans une capsule de platine d'un quart de litre de capacité, une quantité pesée de sang, de 100 à 130 gr.

Le résidu est calciné au rouge sombre pendant deux heures, puis épuisé à chaud par 10 c. c. d'acide chlorhydrique étendus de leur poids d'eau. On ajoute ce liquide par portions, que l'on transporte chaque fois à l'aide d'une pipette sur un petit filtre de Berzélius installé sur un ballon gradué. Chaque épuisement est suivi d'une calcination, et ces opérations sont répétées jusqu'à ce que le charbon ait entièrement disparu. Finalement on calcine le filtre lui-même ; sa cendre est traitée par l'eau acide, et la liqueur claire qui en résulte, est jointe directement à celles qui proviennent des opérations précédentes. Cette solution, étendue à 500 cent. cubes est additionnée de 10 cent. cubes d'une solution de sulfite de soude à 10 p. 100, puis chauffée et maintenue à l'ébullition pendant trois à quatre minutes. Le liquide refroidi est étendu au litre, et le sel ferreux qu'il contient est dosé à l'aide du permanganate de potasse.

Je n'ai pas suivi dans tous ses détails le procédé qui vient d'être exposé.

J'ai opéré en général sur 100 gr. environ de sang défibriné. L'évaporation se faisait dans l'étuve à eau de Gay-Lussac. Si l'on calcine la masse solide obtenue au bout de quelques heures ou même d'une journée, elle se boursoufle énormément. Il faut chauffer avec une lenteur extrême et réprimer à l'aide d'un couvercle en platine le champignon qui se produit, ou le crever constamment avec la spatule, ce qui expose à des pertes.

Si, au contraire, on abandonne le résidu de l'évaporation à 100° pendant douze ou vingt-quatre heures dans une étuve à air chauffée à 120°, on peut achever très rapidement la carbonisation sans boursoufflement notable de la masse, et porter ensuite dans un fourneau à moufle. Au bout d'une heure le charbon a pour ainsi dire totalement disparu.

Cette première partie de l'opération exige de cette façon un temps assez long, mais ne demande à peu près aucune surveillance de la part de l'opérateur.

En employant pour l'extraction du fer de 100 gr. de sang, 10 gr. d'acide chlorhydrique étendus de leur poids d'eau, de la manière que Pelouze indique, on n'obtient que très lentement la dissolution de tout le fer. Il m'est arrivé plus d'une fois de constater que les taches noires qui restent toujours au fond de la capsule, cèdent encore un peu de fer à l'acide chlorhydrique bouillant, comme il est facile de s'en assurer à l'aide du ferrocyanure de potassium. On comprend qu'il puisse facilement en être ainsi, si l'on se rappelle que l'oxyde ferrique fortement calciné se dissout difficilement dans les acides.

Aussi ai-je préféré employer du coup 20 à 30 cent. cubes d'acide chlorhydrique que je maintiens bouillants pendant un quart d'heure environ, en ajoutant un peu d'eau à mesure que le liquide se concentre. La solution obtenue est transportée sur le filtre à l'aide de la pipette ; on calcine fortement pendant quelques instants, puis on recommence l'épuisement avec la même quantité d'acide. On arrive ainsi beaucoup plus rapidement à un liquide dans lequel le ferrocyanure ne décèle plus trace de fer.

La solution obtenue est jaune et parfaitement limpide. Elle contient le fer à l'état de sel ferrique. Le dosage exige que ce métal soit à l'état de sel ferreux. La réduction préalable du liquide peut se faire à l'aide du zinc ou du sulfite de soude. L'un et l'autre doivent être, bien entendu, exempts de fer.

Pour cela, on fixe au bout d'un fil de platine deux ou trois bâtons de zinc, et on les introduit dans la solution à réduire. Quand on juge que le dégagement d'hydrogène a duré assez longtemps, on retire le zinc à l'aide du fil de platine, et on le lave soigneusement à l'eau distillée.

Ce procédé présente plusieurs inconvénients. La réduction n'est pas instantanée comme avec le sulfite de soude. De plus, il se détache parfois de nombreuses parcelles de zinc qu'il faut nécessairement achever de dissoudre, ce qui est souvent fort long.

Si l'on emploie le sulfite de soude, il importe de bien chasser tout l'acide sulfureux. Dans le procédé de Pelouze, on ajoute 1 gr. de sulfite à un demi-litre de liquide contenant 10 gr. d'acide chlorhydrique. La liqueur est donc peu acide, et j'ai constaté, à l'aide d'un papier iodaté placé à l'orifice de la fiole, qu'un quart d'heure d'ébullition ne suffit pas toujours pour chasser tout l'acide sulfureux. De là la tentation d'ajouter encore de l'acide chlorhydrique, afin de mieux déplacer le gaz sulfureux.

Mais Frésénius a démontré que le dosage du fer par le permanganate n'est exact qu'en solution sulfurique. En présence de l'acide chlorhydrique, il se forme du chlore, dont l'action décolorante s'ajoute à celle du chlorure ferreux. Le dosage n'est possible qu'en présence d'une petite quantité d'acide chlorhydrique fortement diluée.

Finalement, voici comment j'ai opéré : on prépare une solution de permanganate assez étendue, et telle qu'il en faille environ 30 cent. cubes pour peroxyder $0^{gr},01$ de fer. La solution chlorhydrique des cendres est étendue à 250 cent. cubes. On en distrait 50 ou 100 cent. cubes qu'on introduit dans une grande fiole à fond plat. On ajoute 100 à 150 cent. cubes d'eau et 10 cent. cubes de la solution de sulfite. On chauffe pendant quelques instants, puis on ajoute 5 cent. cubes d'acide sulfurique concentré. En maintenant le liquide pendant trois ou quatre minutes à 100°, on est sûr de déplacer la majeure partie de l'acide chlorhydrique et tout l'acide sulfureux.

La liqueur *refroidie* est étendue à 250 cent. cubes environ et on procède au dosage en ayant soin de placer la fiole sur un fond blanc. Il ne faut pas oublier que la coloration rose finale ne persiste jamais au delà de quelques minutes.

La solution de permanganate s'altère assez rapidement. Il faut donc la titrer avant chaque série de dosage, à l'aide d'une solution titrée de fer ou d'acide oxalique.

J'ai employé simultanément les deux procédés. En titrant à l'aide de l'acide oxalique une solution contenant une quantité pesée de fer, j'ai trouvé successivement :

quantité pesée de fer.....................	$0^{gr},01$
— dosée par l'acide oxalique..........	0 ,01032
— —	0 ,009996
— —	0 ,010014

Le procédé que je viens d'exposer suppose que tout le fer du sang provient de l'hémoglobine, ce qui n'est pas démontré. La présence de petites quantités de fer dans l'urine prouve qu'il doit en exister un peu dans le sérum. Boussingault, qui a étudié la répartition du fer dans les matériaux du sang, a trouvé que 100 gr. de matière sèche contiennent :

$$\text{fibrine} \dots\dots\dots\dots\dots \quad 0^{gr},046 \text{ de fer.}$$
$$\text{globules} \dots\dots\dots\dots \quad 0\ ,35$$
$$\text{sérum sec} \dots\dots\dots\dots \quad 0\ ,086$$

Or, 100 gr. de sang contiennent au maximum $0^{gr},4$ de fibrine qui fourniraient par suite $0^{gr},00019$ de fer, et 7 à 8 p. 100 d'albumine du sérum qui contiendrait $0^{gr},004$ de fer. Il faut ajouter que le sérum analysé ainsi que la fibrine étaient colorés en rouge. Le fer qu'ils contenaient, provenait donc probablement d'impuretés d'hémoglobine. On peut donc, jusqu'à plus ample informé, rapporter à la matière colorante tout le fer que contient le sang.

On admet de plus que toutes les hémoglobines, et en particulier celle du sang humain, contiennent la même proportion de fer, $0^{gr},42$ pour cent. Les chiffres cités au commencement de ce travail montrent qu'il n'en est rien. Hoppe-Seyler indique, par exemple, $0^{gr},43$ p. 100 de fer dans l'hémoglobine du chien, Preyer en a trouvé, au contraire, chez le même animal $0^{gr},42$, et Kossel, chez le cheval, $0^{gr},47$. Si on transforme en hémoglobine les cinq centigrammes de fer que contiennent en moyennne 100 gr. de sang, en prenant successivement pour point de départ du calcul les trois chiffres $0^{gr},42$ — $0^{gr},43$ — $0^{gr},47$, on trouve les quantités d'hémoglobine suivantes :

$$11^{gr},90, \quad — \quad 11^{gr},60, \quad — \quad 10^{gr},60.$$

Les auteurs ont adopté indifféremment pour toutes les espèces animales le coefficient 0,42. Le calcul précédent montre que l'erreur que l'on peut commettre ainsi est loin d'être négligeable. Elle serait dans l'exemple que j'ai choisi de $1^{gr},30$ pour 100 gr. de sang de cheval.

Mais le plus grand inconvénient du procédé résulte de la faible quantité de fer que contient l'hémoglobine et qui fait que les erreurs sont multipliées par le facteur 238.

Le plus fort écart que présentent les dosages de Pelouze est de $0^{gr},0014$ pour 100 gr. de sang, ce qui correspond à $0^{gr},33$ d'hémoglobine. J'ai fait à plusieurs reprises deux dosages de fer dans le même sang, en opérant chaque fois sur 100 et sur 50 gr. de matière. La solution ferreuse obtenue était diluée à 250 cent. cubes; en opérant sur 100 ou 50 cent. cubes de ce liquide, on pouvait faire avec le permanganate deux ou trois dosages successifs. Exemple :

1°/ Sang de bœuf.

Poids du sang soumis à la calcination, $108^{gr},88$.

La solution des cendres est étendue à 250 cent. cubes; 50 cent. cubes de cette liqueur exigent successivement $27^{cc},7 — 27^{cc},9 — 27^{cc},5$ de permanganate, ce qui correspond aux chiffres suivants de fer et d'hémoglobine dans 100 gr. de sang.

$27^{cc},7$ de permanganate, $0^{gr},0473$ de fer — $11^{gr},26$ d'hémoglobine p. 100.
$27^{cc},9$ — $0^{gr},0476$ — — $11^{gr},33$ »
$27^{cc},5$ — $0^{gr},0469$ — — $11^{gr},16$ »

2°/ Le même sang de bœuf.

Poids du sang soumis à la calcination, $47^{gr},14$.

La solution des cendres est étendue à 250 cent. cubes ; 100 cent. cubes de cette liqueur exigent :

$23^{cc},6$ de permang. — $0^{gr},0465$ de fer p. 100, $11^{gr},07$ d'hémogl. p. 100.
$23^{cc},5$ —   — $0^{gr},0463$ — $11^{gr},02$ —

On voit que l'écart maximum est de $0^{gr},31$ d'hémoglobine pour 100 gr. de sang.

Ce procédé a le très grave inconvénient d'exiger une trop grande quantité de sang, 50 à 100 gr.; il nécessite des manipulations chimiques longues et délicates, et la préparation de liqueurs titrées spéciales. Il constitue plutôt un contrôle utile des autres procédés de dosages.

Je n'indiquerai pas ici les résultats que j'ai obtenus. Ils seront donnés sous forme de tableau en même temps que les chiffres fournis par les autres procédés.

§ II. — Dosage de l'hémoglobine par la quantité d'hématine formée.

Ce procédé consiste à transformer l'hémoglobine en hématine qui est lavée, séchée et pesée.

On admet, d'après les quantités de fer que contiennent les deux corps, que 1 gr. d'hématine correspond à $21^{gr},31$ d'hémoglobine.

L'extraction de l'hématine est très longue. Elle serait, de plus, toujours incomplète, d'après Rajewski.

Le procédé exige une trop grande quantité de sang, pour qu'il soit applicable en clinique ou même dans des recherches physiologiques.

On sait combien est difficile la préparation de l'hématine pure. Selon le mode de préparation employé, les produits obtenus diffèrent dans leurs propriétés.

Ce procédé de dosage, qui a été remis en honneur dans ces derniers temps par Brozeit, me semble donc peu pratique et probablement infidèle.

§ III. — Dosage de l'hémoglobine par l'oxygène absorbé.

GÉNÉRALITÉS. — L'hémoglobine forme, avec l'oxygène, une combinaison cristallisée, chimiquement définie, qui est l'oxyhémoglobine.

Hoppe-Seyler a montré que des cristaux humides d'oxyhémoglobine, aussi bien que leur solution aqueuse, dégagent de l'oxygène sous l'action du vide.

D'autre part, M. Fernet, en agitant du sang au contact de l'oxygène, sous des pressions variables, est arrivé à cette double conclusion : 1° qu'il se dissout dans le plasma sanguin une quantité d'oxygène à peu près égale à celle qui se dissout dans l'eau pure ; 2° que les globules sanguins fixent *chimi-*

quement une quantité d'oxygène indépendante de la pression et bien supérieure à la première.

Il semble donc bien prouvé actuellement que l'hémoglobine, aussi bien en solution que dans le globule, forme avec l'oxygène une combinaison chimiquement bien définie.

L'oxygène dégagé, sous l'action du vide par exemple, a donc fait partie de la molécule oxyhémoglobine. Il en résulte que ce gaz doit se trouver dans un rapport constant avec le poids de matière colorante qui l'a fourni, ou le poids d'un des éléments — fer, par exemple — de cette substance.

En d'autres termes, la richesse en hémoglobine est dans un rapport constant avec le plus grand volume d'oxygène absorbé par le sang, ou avec sa *capacité respiratoire*.

Ce rapport constant une fois établi, tout procédé de dosage de l'oxygène dans le sang pourra servir à la détermination de l'hémoglobine.

Plusieurs questions se posent ici. Dans quelles limites la quantité maxima d'oxygène fixée par l'hémoglobine, est-elle indépendante de la pression à laquelle se fait la saturation du sang? Et en second lieu, dans quelles proportions l'oxygène simplement dissous dans le sérum vient-il s'ajouter à l'oxygène combiné qui, seul, devrait être dosé? J. Worm Muller (1), et après lui Hüfner (2), ont établi que l'oxyhémoglobine, bien saturée d'oxygène, ne commence à se dissocier que lorsque la pression d'oxygène que supporte la solution, tombe au-dessous de 20 millim. de mercure.

P. Bert (3), en agitant du sang avec de l'air, à des pressions croissantes qui ont été poussées jusqu'à 18 atmosphères, a vu la capacité respiratoire augmenter avec la pression. Mais l'augmentation suivait chaque fois la loi de Dalton. On peut en conclure que l'oxygène dissous physiquement, est seul dépendant de la pression.

L'état particulier et inconnu dans lequel se trouve l'hémoglobine dans le globule sanguin, n'influe pas sur la quantité maxima d'oxygène fixée. La capacité respiratoire d'un sang frais reste la même après destruction des

---

(1) Ber. d. saechs., Acad. d. Vissensch., 1870.
(2) *Zeitsch. f. physiol. Chemie*, Bd VI, 1 Heft 1882.
(3) P. Bert, *La pression barométrique*, p. 697, Paris, 1878.

globules par la putréfaction et dissolution de la matière colorante dans le plasma.

Les variations de température et de pression n'influent donc que sur la quantité d'oxygène physiquement dissoute. Les chiffres fournis par M. Fernet permettent de calculer que 100 cent. cub. de sang dissolvent physiquement à 16°, 0^{cc},57 d'oxygène (1). D'après une série de déterminations très exactes faites par Hüfner, sur un sérum de densité moyenne 1,012, 100 cent. cubes de sérum ne dissolvent que 0^{cc},38 d'oxygène à 16°. A l'oxygène chimiquement combiné variable avec la quantité d'hémoglobine, s'ajoute donc une quantité à peu près constante de gaz, dissoute physiquement et toujours assez faible pour qu'il soit permis d'en faire abstraction.

Mais on ne pourra pas négliger cette cause d'erreur, si on opère la saturation du sang dans une atmosphère d'oxygène pur. La pression de ce gaz devenant cinq fois plus forte que dans l'air, la quantité qui s'en dissout dans le plasma est multipliée par ce chiffre et cesse d'être négligeable. En agitant, au contraire, le sang à l'air et à la température ordinaire, la saturation de l'hémoglobine est tout aussi complète. On a, de plus, l'avantage de se servir d'un milieu gazeux dont la composition est constante, qui ne nécessite aucune préparation, et dont la pression peut, au besoin, être connue à chaque instant sans aucune installation spéciale.

Le dosage de l'hémoglobine par détermination de la capacité respiratoire, exige évidemment la solution préalable de la question suivante : Quelle est la quantité d'oxygène que peut fixer 1 gr. d'hémoglobine?

Ce chiffre peut être établi par des considérations théoriques empruntées à Hoppe-Seyler.

Si on admet qu'à un atome de fer dans l'hémoglobine, correspond un atome d'oxygène, le rapport constant qui doit *a priori* exister entre ces deux éléments, sera :

$$\frac{Fe}{o} = \frac{56}{16}$$

$$d'où : o = Fe \times \frac{16}{56} = Fe \times 0,2857.$$

---

(1) Tous les volumes gazeux cités dans ce travail sont ramenés à la température de 0° et à la pression de 0^m,760, sauf indication contraire.

Si 100 gr. d'hémoglobine contiennent 0^{gr},42 de fer, la quantité théorique d'oxygène fixée sera 0^{gr},42 $\times$ 0,2857 ou 0^{gr},12 d'oxygène, ce qui fait 83^{cc},69 pour 100 gr. d'hémoglobine.

On verra plus loin que ce chiffre est inférieur à ceux qui ont été trouvés par l'expérience directe. Si donc on ne veut pas admettre de rapport compliqué entre l'oxygène et l'hémoglobine, on peut supposer qu'à un atome de fer correspondent deux atomes d'oxygène, ce qui donne, par un calcul analogue au précédent, 0^{gr},24 ou 167^{cc},38 d'oxygène pour 100 gr. d'hémoglobine.

Hoppe-Seyler (1) le premier, a cherché à vérifier ces vues théoriques par l'expérience directe, en soumettant à l'action du vide des cristaux ou des solutions d'hémoglobine.

Il a trouvé ainsi, pour 1 gr. d'hémoglobine sèche en solution dans de l'eau, 1^{cc},68 d'oxygène. Des cristaux bien exprimés entre des feuilles de papier, ont fourni 0^{cc},68, enfin des cristaux complètement secs, 0^{cc},52 pour 1 gr. de matière colorante sèche.

Dybkowski (2) dose l'oxygène absorbé par des solutions d'hémoglobine de concentration connue, à l'aide du procédé de Claude Bernard. Il était tenu compte chaque fois de la quantité d'oxygène physiquement dissoute, en admettant que l'eau s'était saturée d'oxygène, et qu'il n'en passait dans l'atmosphère d'oxyde de carbone que la quantité nécessaire pour qu'il y eut équilibre de pression entre le gaz diffusé et celui qui restait en solution. Dybkowski a trouvé ainsi 1^{cc},56 pour 1 gr. d'hémoglobine sèche.

Preyer (3) essaya de résoudre la question par voie absorptiométrique. Il introduisit dans des tubes gradués remplis de mercure, des solutions d'hémoglobine complètement réduites et de concentration connue, qui furent agitées avec des volumes préalablement mesurés d'oxygène. Les quantités de gaz absorbées furent pour 1 gr. de matière sèche, 1^{cc},80 — 1^{cc},72 — 1^{cc},62.

Enfin, les déterminations les plus exactes sont dues à Hüfner, qui a fait

---

(1) *Med. chem. Untersuch.*, Heft II, p. 191, 1868.
(2) *Ibid.*, Heft I, p. 117, 1866.
(3) *De hœmoglobino observationes et experimenta,* Diss. Bonn., 1866, p. 19.

sur ce sujet une série de travaux remarquables par leur rigueur scientifique.

Cet auteur (1) avait d'abord fait choix d'une méthode mixte, qui consistait à agiter avec de l'oxyde de carbone une solution sanguine de richesse connue en hémoglobine, et préalablement saturée d'oxygène par agitation à l'air. L'action chimique de l'oxyde de carbone était ensuite aidée du vide. Il déterminait, d'autre part, quelle était la quantité d'oxygène dissoute dans les mêmes conditions, par un sérum de densité sensiblement égale à celle du liquide sanguin. Le chiffre final, corrigé à l'aide de cette donnée, fut $1^{cc},52$, moyenne de dix déterminations.

La richesse en hémoglobine des liquides employés, était appréciée à l'aide du spectrophotomètre. Une détermination plus exacte de la constante d'absorption de l'oxyhémoglobine, porta ce chiffre de $1^{cc},52$ à $1^{cc},59$, puis à $1^{cc},74$.

Dans un travail récent (2), Hüfner a repris la question en procédant cette fois par voie absorptiométrique.

Des solutions sanguines, dont la richesse en hémoglobine est déterminée au spectrophotomètre, sont complètement réduites par un courant d'hydrogène, puis par l'action du vide. Les solutions introduites dans un absorptiomètre de forme spéciale, sont agitées sous des pressions variables avec des volumes connus d'oxyde de carbone dans une série d'essais, d'oxygène pur dans une seconde série.

Hüfner partait de l'équation suivante :

$$K = a\,h + b\,p.$$

dans laquelle K désigne le volume gazeux (ramené à $0°$ et 1^{m}) absorbé par la solution sanguine, h la quantité d'hémoglobine en grammes contenue dans le liquide, p la pression sous laquelle se faisait chaque fois l'absorption, enfin a et b sont deux constantes qui désignent, l'une a, le volume d'oxygène

---

(1) *Zeitsch. f. phys. Chemie.* Bd. 1, 1877.
(2) *Journal f. prakt. Chemie*, t. XXII, p. 362, 1880.

fixé par l'unité de poids d'hémoglobine, l'autre b, le volume gazeux, variable avec la pression, que dissout chaque fois le liquide.

La température étant maintenue aussi constante que possible, on fait varier la pression, et on mesure chaque fois K.

L'appareil employé est un absorptiomètre de Wiedemann légèrement modifié. L'absorption d'une partie du gaz par la solution détermine une diminution de pression, qui a pour effet de faire couler du manomètre dans le récipient à liquide une certaine quantité de mercure. C'est cette quantité de mercure qui sert à mesurer le volume gazeux disparu.

Hüfner a fait une série de dix essais, dont trois avec l'oxyde de carbone, et sept avec l'oxygène ; les valeurs de K et p observées chaque fois fournissent une série d'équations qui, convenablement combinées, donnent la formule d'absorption suivante :

$$K = 1{,}202\,h + 0{,}6035\,p.$$

La grandeur cherchée est donc :

$1^{cc}{,}202$.................. à $0°$ et 1^m de pression.
ou $1^{cc}{,}58$.................. à $0°$ et $0^m{,}760$ — .

Voici, sous forme de tableau, les résultats les plus comparables obtenus jusqu'ici. J'indique en même temps, dans une deuxième colonne, le chiffre que l'on obtient en transformant 20 cent. cubes d'oxygène en hémoglobine, à l'aide de chacune des valeurs de la constante cherchée.

1° Par voie absorptiométrique :

Preyer	$1^{cc}{,}80$	$11^{gr}{,}11.$
—	1,72	11, 62.
—	1,62	12, 34.
Hüfner	-1,58	12, 65.

2° Par épuisement à l'aide du vide ou déplacement par l'oxyde carbone :

Hoppe-Seyler	1^{cc},68	11^{gr},90.
Dybkowski	1,56	12, 82.
Hüfner	1,74	11, 49.

3° Quantité théorique :

$$1^{cc},67 \qquad 11^{gr},97.$$

Ces chiffres ne concordent pas d'une façon bien satisfaisante. Si on compare entre eux les résultats successifs fournis par un même procédé, on voit qu'ils présentent des oscillations notables. A quelle cause doit-on les rattacher? Je ne saurais mieux faire que de reproduire les considérations si intéressantes présentées par Hüfner (1) à ce sujet.

Quand Bunsen entreprit de déterminer le coefficient d'absorption de l'oxygène, il lui fut impossible d'arriver, dans une série d'essais successifs, à des résultats concordants. Finalement il dut attribuer cet insuccès à l'oxydation de certaines impuretés métalliques du mercure, si bien que le coefficient en question ne put être fixé que par différence et d'une façon détournée. De l'eau saturée d'air fut soumise à une ébullition prolongée. Les résultats de l'analyse des gaz recueillis, et la connaissance préalable du coefficient de l'azote permirent de calculer celui de l'oxygène.

A ce propos, Bunsen insiste sur le soin extrême qu'il faut mettre à purifier l'eau qui doit servir à de semblables déterminations. Il suffit qu'elle ait été distillée dans un appareil qui aurait contenu précédemment des matières organiques pour qu'une partie de l'oxygène se transforme en acide carbonique.

Si l'on considère, d'autre part, les conditions dans lesquelles on se trouve, lorsqu'il s'agit d'extraire l'oxygène absorbé par un liquide tel que le sang, on comprend combien il est illusoire de compter sur des résultats concordants.

---

(1) *Zeitsch. f. physiol. Chemie*, Bd I, p. 390, 1877.

L'expérience montre que le vide seul est insuffisant pour dégager complètement les gaz dissous dans l'eau. Une ébullition de quelques instants est nécessaire pour chasser tout l'oxygène que l'eau paraît retenir avec une affinité toute spéciale. A plus forte raison faut-il chauffer quand, à cette affinité, vient s'ajouter l'attraction que des matières organiques doivent exercer sur l'oxygène. Mais alors la consommation de ce gaz par les matériaux oxydables du sang est favorisée dans une proportion inconnue, mais à coup sûr considérable.

On comprend dès lors pourquoi les résultats obtenus par voie absorptiométrique doivent inspirer plus de confiance. Il serait du reste au moins hasardé de tirer une moyenne de chiffres obtenus par des procédés si différents.

La donnée fondamentale du dosage de l'hémoglobine au moyen de la quantité d'oxygène absorbé, n'est donc pas connue avec une exactitude suffisante pour que des résultats en oxygène, traduits en hémoglobine, puissent être rapprochés avec fruit des chiffres obtenus par des méthodes directes.

Mais la détermination de la capacité respiratoire n'en est pas moins intéressante. En attendant qu'il soit possible de les traduire en poids absolus d'hémoglobine, ces résultats expriment toujours des richesses relatives en matière colorante, et nous renseignent d'ailleurs sur la vraie valeur physiologique du sang.

On a objecté que dans quelques états pathologiques, et à la suite de l'ingestion de certaines substances, l'hémoglobine perd une partie de son pouvoir absorbant. Mais là est précisément, à mon avis, la supériorité du dosage par l'oxygène. A un point de vue chimique, analytique pur, l'objection est juste. Mais au point de vue physiologique, une hémoglobine ne compte qu'en tant qu'elle absorbe de l'oxygène, et si elle est en partie remplacée par des produits d'altération auxquels ce rôle est refusé, il importe de posséder une méthode de dosage, qui n'englobe pas dans un seul chiffre l'hémoglobine encore intacte et celle qui a perdu son pouvoir respiratoire. Ce reproche peut être retourné avec beaucoup plus de force contre les procédés colorimétriques, ou en général empiriques. J'y reviendrai à ce moment.

De tout ce qui vient d'être dit, il ressort nettement, je le crois, que le dosage de l'hémoglobine par l'oxygène, avec les restrictions qui ont été faites, est chose légitime.

Il rentrait donc dans le plan de ce travail d'examiner tous les procédés qui permettent de doser l'oxygène dans le sang.

J'étudierai successivement le procédé de Claude Bernard par l'oxyde de carbone, celui de Gréhant par la pompe à mercure, celui de Schützenberger par l'hydrosulfite de soude.

1° *Procédé de Claude Bernard.*

Claude Bernard a montré que l'oxyde de carbone se substitue volume à volume à l'oxygène de l'oxyhémoglobine.

Cette découverte fournit un procédé commode pour doser l'oxygène. L'appareil instrumental est très simple.

On introduit sous une éprouvette graduée 20 à 25 cent. cubes d'oxyde de carbone préparé en décomposant le ferrocyanure de potassium par l'acide sulfurique concentré. On fait arriver ensuite sous l'éprouvette 15 à 20 cent. cubes de sang saturé d'oxygène par l'agitation à l'air. On remue de temps en temps, puis au bout de 6 à 8 heures, on transvase les gaz à l'aide d'une pipette de Doyère dans un tube gradué étroit.

L'analyse peut se faire soit au moyen des réactifs d'absorption liquides, potasse et acide pyrogallique, soit par la méthode eudiométrique de Bunsen, ou encore en employant les réactifs sous forme solide.

Nawrocki a comparé les résultats fournis par ce procédé à ceux que donne la pompe à gaz. Il a trouvé une concordance parfaite. Ce n'est pas à dire qu'on retrouve exactement tout l'oxygène absorbé par le sang. Le déplacement du gaz n'est complet qu'au bout de 12 à 20 heures, pendant lesquelles les matières organiques consomment nécessairement une certaine quantité d'oxygène.

L'expérience suivante, due à Claude Bernard, est à ce point de vue caractéristique. Du sang est mis en contact avec de l'oxyde de carbone à la température de 13°. Sur cent volumes de gaz on trouve :

Après une heure de contact :

Oxygène............. 13^{cc},64.
Acide carbonique..... 0.

Après vingt-quatre heures de contact ;

Oxygène............. 11^{cc},57.
Acide carbonique..... 1 ,04.

Si l'agitation ou le contact avec l'oxyde carbone n'ont pas duré un temps suffisant, le déplacement de l'oxygène n'est pas complet; Nawrocki l'a démontré en faisant succéder à l'action de l'oxyde de carbone celle du vide d'une pompe à gaz.

On se trouve donc placé entre deux indications contraires, auxquelles il est difficile de satisfaire simultanément.

La nécessité de préparer de l'oxyde de carbone pur et exempt d'air, l'ennui des transvasements de gaz font qu'on préfère généralement se servir de la pompe à mercure, aujourd'hui si répandue et d'un maniement si commode.

L'emploi de la cloche en U de MM. Estor et Saint-Pierre, qui permet de faire l'analyse des gaz en présence du liquide sanguin, simplifie l'opération. Mais ce dosage n'est évidemment qu'approximatif. L'action continue du sang sur l'oxygène, la double lecture du volume gazeux, sont autant de causes d'erreur.

2° Procédé de Gréhant.

C'est en 1872 que M. Gréhant [1] a proposé son procédé de dosage de l'hémoglobine. Je vais résumer rapidement la note très courte qu'il a publiée à ce sujet :

« Le plus grand volume d'oxygène absorbable par le sang permet de doser l'hémoglobine, car on peut affirmer que le poids d'hémoglobine est proportionnel au plus grand volume d'oxygène absorbé par le sang. »

---

(1) Comptes-rendus, t. 75, p. 497, 1872.

Ce dosage peut être effectué plus exactement en faisant suivre l'action de l'oxygène de celle de l'oxyde de carbone. Voici quelques chiffres cités par M. Gréhant :

100 cent. cubes de sang de chien ont absorbé successivement :

    Oxygène.............   30 cent. cubes.
    Oxyde de carbone..... $26^{cc},1$.

100 cent. cubes de sang de chien :

    Oxygène............. $20^{cc},17$.
    Oxyde de carbone.....   17 ,53.

M. Gréhant n'indique pas comment ces chiffres peuvent être transformés en poids d'hémoglobine.

L'appareil employé est la pompe à mercure. Je n'ai pas à décrire ici un instrument aujourd'hui entré dans la pratique courante des laboratoires.

Je dirai simplement qu'il se compose essentiellement d'une chambre barométrique volumineuse pouvant communiquer par un robinet à trois voies, soit avec l'extérieur par un ajutage vertical noyé dans le mercure d'une petite cuvette, soit par un tube horizontal avec le récipient dans lequel il faut faire le vide.

Le récipient est ordinairement un ballon à long col, dont l'extrémité est reliée par un caoutchouc à vide à l'ajutage horizontal de la machine.

Le col du ballon est entouré d'un manchon en zinc dans lequel circule un courant d'eau froide.

Les joints doivent être entourés de petits manchons remplis d'eau qui font fermeture hydraulique.

L'opération comprend trois temps: 1° expulsion préalable de tout l'air contenu dans la machine et le récipient; 2° introduction du sang; 3° extraction et refoulement des gaz dans une éprouvette graduée.

1° L'expulsion préalable de tout l'air peut se faire en suivant le manuel opératoire de M. Gréhant.

On remplit complètement d'eau bouillie et refroidie le ballon récipient et on l'adapte à la machine. Par quelques coups de pompe, on enlève la petite quantité d'air restée au-dessus de l'eau. Puis, élevant le ballon et donnant au robinet une position convenable, on fait couler l'eau dans la chambre barométrique, d'où on l'expulse par le godet supérieur.

P. Bert a remplacé cette manœuvre assez longue par la suivante, beaucoup plus simple et plus rapide. Un caoutchouc adapté à l'ajutage noyé dans le mercure du petit godet, met le récipient en communication avec une petite machine pneumatique. On abrège ainsi considérablement la manœuvre. Le vide est ensuite amené à l'état parfait à l'aide de la pompe elle-même. Il est bon d'introduire préalablement dans le ballon, quelques centimètres cubes d'eau et de le plonger dans un bain-marie que l'on porte peu à peu à l'ébullition. En même temps, on interrompt le courant d'eau froide qui circule dans le manchon, et la vapeur d'eau qui s'échappe du ballon chasse rapidement, lorsqu'on fait manœuvrer la pompe, tout ce qui restait d'air.

J'ai adopté ce dispositif dans mes expériences, avec cette différence que le caoutchouc adapté à l'ajutage de la cuvette est mis en communication avec une petite trompe d'Alvergniat. Le ballon dans lequel on a eu soin d'introduire un peu d'eau, est chauffé à 50-60°. En moins d'une demi-minute, la trompe a fait un vide presque total dans le récipient, et l'eau entrant en ébullition sous cette basse pression, achève l'expulsion de l'air sans aucune intervention de l'opérateur. Au bout de trois ou quatre minutes, un coup de pompe donné par précaution, n'amène plus trace d'air.

2° On peut opérer l'introduction du sang de différentes manières. Les uns l'introduisent par l'orifice supérieur qui baigne dans le mercure, les autres par une tubulure latérale du ballon.

J'ai adopté le premier de ces procédés. Voici comment j'opérais.

On introduit dans le ballon 100 à 150 cent. cubes d'eau, dont l'ébullition contribue, comme on l'a vu, à chasser rapidement les dernières traces d'air. Quand le vide est obtenu, on fait passer ce liquide, qui est environ à 40°, dans la chambre barométrique.

Pendant ce temps, on a fait agiter à l'air, pendant quinze à vingt minutes, dans un flacon d'un litre, 100 à 150 cent. cubes de sang. On attache le flacon au bout d'une ficelle et on le fait tourner à la façon d'une fronde ; cette manœuvre suffit pour réunir la mousse et ramener à la surface les bulles gazeuses en suspension dans le liquide. On aspire le sang dans une burette graduée en dixièmes de centimètre cube. Cette burette est munie, à son extrémité inférieure, d'un tube en caoutchouc, court et rigide, pouvant s'adapter sur la tubulure supérieure de la machine. Son extrémité supérieure est prolongée par un tube en caoutchouc muni d'une pince.

On aspire le sang dans la burette, on ferme la pince, et écrasant avec deux doigts le bout du caoutchouc qui plonge dans le liquide, on porte le tout sur la pompe.

L'extrémité du caoutchouc est enfoncée sous le mercure et ajustée facilement sur la tubulure, grâce à sa rigidité. Un support à pince sert à maintenir la burette.

On lit la hauteur du sang et, donnant au robinet une position convenable, on laisse pénétrer dans le récipient environ 30 à 35 cent. cubes de sang.

On fait une seconde lecture, on enlève la burette et on laisse pénétrer dans le récipient un peu de mercure du godet, afin d'entraîner le sang qui adhère aux parois de l'ajutage. On achève le nettoyage des voies en chassant dans le récipient, l'eau qui a été mise en réserve dans la chambre barométrique. De cette manière, on a en outre l'avantage de diluer le sang, ce qui rend la mousse moins tenace et moins coagulable.

Cette addition d'eau ne modifie pas les résultats comme l'ont prétendu MM. Estor et Saint-Pierre. P. Bert a institué, à cet effet, une série d'expériences qui tranchent définitivement la question.

3° On installe, sur le godet, un tube gradué en dixièmes de centimètre cube et rempli de mercure. On le choisit assez étroit, afin de rendre possible des lectures exactes. Il doit présenter un volume suffisant (20 à 30 cent. cubes) pour loger les gaz de 30 cent. cubes de sang.

A peine introduit dans le vide barométrique, le sang se met à mousser; les bulles grimpent dans le tube qui conduit à la pompe et peuvent pénétrer dans la chambre barométrique. C'est pour prévenir autant que possible cet accident, que M. Gréhant fait circuler autour du col du ballon un courant d'eau froide. Les bulles composées de vapeur d'eau crèvent et s'affaissent. Si, malgré ces précautions, la mousse menace, durant l'extraction, de pénétrer dans la pompe, on parvient souvent à la faire rétrograder, en produi sant par de petites rotations brusques du robinet, une fine pluie de mercure emprunté au godet.

Le ballon est plongé dans le bain-marie préalablement chauffé, et l'extraction est faite rapidement à une température élevée (70-80°). Sans cette dernière précaution, près de la moitié de l'oxygène peut échapper à l'analyse.

Le tube qui a recu le gaz est enlevé et complètement plongé dans une cuve à mercure, afin de rétablir l'équilibre de température. Puis on procède à l'analyse au moyen des réactifs d'absorption sous forme liquide, potasse et acide pyrogallique.

Il faut se souvenir ici de la lenteur avec laquelle ce réactif absorbe quelquefois l'oxygène. Une agitation de 5 à 10 minutes est parfois nécessaire.

On néglige la pression de la petite colonne de liquide aqueux. Les volumes observés sont ramenés à 0° et 0^m,760 et rapportés à 100 cent. cubes de sang.

Sur quel degré d'exactitude peut-on compter dans une extraction et une analyse de ce genre?

Une première cause d'erreur peut provenir d'une saturation incomplète du sang. L'expérience suivante le prouve suffisamment :

Du sang de bœuf frais est agité à l'air pendant trois ou quatre minutes. Au bout de ce temps, on prélève coup sur coup cinq échantillons, dont on dose l'oxygène par le procédé plus rapide de Schützenberger. L'agitation est continuée dans l'intervalle de chaque analyse. On trouve successivement pour 100 cent. cubes de sang :

$$19^{cc},71 - 19^{cc},96 - 20^{cc},46 - 20^{cc},94 - 21^{cc},67.$$

Je me suis assuré de cette façon que 100 grammes de sang introduits dans un flacon d'un litre exigeaient, pour leur saturation, une agitation soutenue d'environ 15 minutes.

Une lecture rigoureuse des volumes de sang soumis à l'extraction est impossible ; avec la burette qui m'a servi, j'estime l'approximation à 0^{cc},2 ou 0^{cc},3 environ.

Pendant l'extraction, il est certain qu'une notable quantité d'oxygène est consommée par les matières organiques du sang, surtout à la température de l'opération. Cette perte d'oxygène varie avec la rapidité de l'extraction et la composition du sang.

M. Jolyet a démontré que la putréfaction du sang ne modifie pas la capacité respiratoire. J'ai vérifié ce fait à plusieurs reprises. Il constitue une confirmation indirecte des expériences de Hoppe-Seyler, relatives à la résistance de l'hémoglobine à la putréfaction. Mais j'ai constaté que l'agitation à l'air doit durer au moins 20 à 30 minutes. Il est probable qu'une partie de l'oxygène absorbé sert immédiatement à l'oxydation des matières putrides les plus instables. De plus, l'extraction doit être menée plus rapidement que jamais.

Quelles sont les causes d'erreur auxquelles est soumise l'analyse des gaz extraits?

La lecture des volumes gazeux, surtout en présence d'un liquide foncé comme le pyrogallol potassique, est forcément entachée d'une erreur qui varie de $0^{cc},05$ à $0^{cc},1$. Chaque volume gazeux s'obtient au moyen de deux lectures dont les erreurs peuvent s'ajouter. Supposons que l'analyse ait donné :

$$\text{Oxygène } 8^{cc},8 \ldots \ldots \text{ pour } 33^{cc},0 \text{ de sang.}$$
$$\text{Ou} \qquad 8\ ,7 \ldots \ldots \text{ ou } \quad 33\ ,2 \quad —$$

Les résultats extrêmes calculés avec ces chiffres pour 100 cent. cubes de sang sont :

$$\text{Oxygène : } 26^{cc},20 — 26^{cc},66.$$

Voici, du reste, les résultats d'une série de six dosages exécutés sur un même sang de bœuf. La première colonne indique les volumes d'oxygène pour 100 cent. cubes de sang, la seconde, les écarts positifs ou négatifs dont chaque résultat diffère de la moyenne arithmétique.

Oxyg. p. 100cc de sang.	Écarts.
17cc,60	— 0,15
17 ,65	— 0,10
18 ,20	+ 0,45
17 ,50	— 0,25
17 ,73	— 0,02
17 ,85	+ 0,10

Moy. : 17cc,75

L'erreur moyenne de chaque résultat est de $0^{cc},24$ pour 100 cent. cubes de sang, ou $1^{cc},27$ pour 100 cent. cubes de gaz. La plus forte erreur commise est de $0^{cc},70$.

Il faut donc ne pas se faire illusion sur l'exactitude des décimales, et s'abstenir avec soin de tirer une conclusion quelconque d'une différence moindre que $0^{cc},30$ et même $0^{cc},40$ pour 100 cent. cubes de sang.

J'ai fait sur du sang de bœuf une série de dosages d'oxygène par la pompe à mercure et d'hémoglobine par détermination du fer. Mais, avant de parler de ces résultats, je tiens à décrire le procédé de dosage de l'oxygène au moyen de l'hydrosulfite de soude. Comme ces deux procédés m'ont toujours servi concurremment, j'exposerai parallèlement les chiffres fournis par les deux appareils, ce qui facilitera la discussion et m'évitera des redites nombreuses.

3° *Dosage de l'oxygène par l'hydrosulfite de soude.*

C'est à M. Schützenberger qu'est due la découverte du corps qui sert en solution titrée au dosage de l'oxygène dissous.

L'acide sulfureux, qui réduit une foule de corps, est réduit à son tour lorsqu'on fait réagir le zinc sur sa solution aqueuse. On obtient alors une liqueur jaune qui décolore énergiquement l'indigo et le tournesol. M. Schützenberger a montré que la liqueur douée de ces propriétés décolorantes renferme le sel de zinc d'un nouvel acide qu'il nomme *hydrosulfureux*. Cet acide se forme en effet par la fixation de l'hydrogène sur l'acide sulfureux anhydre. L'action de l'acide sulfureux sur le zinc produit de l'hydrogène qui, se portant sur une autre portion d'anhydride sulfureux, le transforme en acide hydrosulfureux.

$$So^2 + H^2O + Zn = So^3 Zn + H^2$$

anhydride sulfureux.   sulfite de zinc.

$$So^2 + H^2 = So^2 H^2$$

acide hydrosulfureux.

Cet acide est peu stable. Son sel de sodium, $So^2 Na H$ l'est davantage. On le prépare en faisant réagir sur du zinc très divisé une solution concentrée de bisulfite de sodium :

$$2 So^3 Na H + Zn = So^3 Zn + So^3 Na^2 + H^2$$

bisulfite de sodium.   sulfite de zinc. sulfite de sodium.

$$So^3 Na H + H^2 = So^2 Na H + H^2O.$$

hydrosulfite de sodium.

L'hydrosulfite de sodium absorbe facilement l'oxygène de l'air pour se convertir en sulfite acide de sodium.

$$So^2 Na H + O = So^3 Na H.$$

APPAREILS. — Les dosages doivent toujours se faire dans une atmosphère d'hydrogène parfaitement exempte d'oxygène. Ce réactif doit être conservé et manipulé à l'abri de l'air. L'appareil dont la description va suivre, et qui est construit par Alvergniat, remplit parfaitement ces deux indications. (Voir fig. I.)

Il se compose : 1° d'un appareil producteur d'hydrogène; 2° de l'appareil à titrage proprement dit.

1° Le générateur d'hydrogène se compose de deux ballons en verre épais, dont l'un, A, fixe, contient du zinc grenaillé, l'autre, B, mobile verticalement, de l'acide chlorhydrique étendu de son volume d'eau. Les deux vases A et B sont reliés par le gros tube en caoutchouc C. D, D' sont deux petits laveurs contenant une solution de potasse. Enfin E est une éprouvette remplie de ponce qu'on imbibe d'acide sulfurique. Le bouchon qui la ferme est muni de deux tubes à robinets r, r'' permettant d'opérer une distribution de l'hydrogène produit. Lorsque le robinet R est ouvert, l'acide chlorhydrique se met en contact avec le zinc et l'hydrogène qui se dégage, se lave en D, D' et se dessèche en E.

2° L'appareil à titrage se compose d'un grand flacon F, pouvant contenir un litre d'eau et muni de trois tubulures t_1, t_2, t_3 fermées chacune d'un bouchon en caoutchouc à deux trous : Dans t_1, passe un tube recourbé en siphon s, qui plonge jusqu'au fond du flacon F; son extrémité extérieure est prolongée, au moyen d'un raccord en caoutchouc a, par un tube b, pouvant se fermer à son extrémité à l'aide d'un petit tube en caoutchouc et d'un bout de baguette de verre. Ce tube ajouté à l'appareil par M. Quinquaud sert à siphonner l'eau du flacon, qui peut être ainsi vidé et rincé sans accès de l'air. Quand le siphon ne sert pas, le tube b est replié comme le montre la figure et maintenu à l'aide d'un petit anneau en caoutchouc.

Dans la tubulure t_1, passe un deuxième tube h recourbé à angle droit et plongeant jusqu'au fond du flacon. Il est adducteur de l'hydrogène et doit pouvoir glisser dans le bouchon qui le porte, sans cesser toutefois d'empêcher la pénétration de l'air.

La tubulure du milieu t_2, porte à demeure un bouchon à deux trous dans lesquels passent deux petits tubes effilés. Ces deux tubes font partie de deux burettes de Mohr, I, H. Les caoutchoucs porte-pinces qui relient ces tubes aux burettes doivent être assez longs pour permettre la mobilité du flacon, qui sera agité pendant le dosage, sans que les burettes elles-mêmes soient remuées ; ils sont solidement fixés aux burettes et doivent, par contre pouvoir se détacher des extrémités des petits tubes fixés dans le bouchon, afin de permettre le nettoyage du flacon.

Les deux burettes I, H soutenues à l'aide de pinces par un support en bois, reçoivent l'une I, l'indigo, l'autre H, l'hydrosulfite. Cette dernière est fermée à son extrémité supérieure par un bouchon en caoutchouc portant un tube c deux fois recourbé, qu'un tube en caoutchouc relie au robinet r.

Ce caoutchouc est séparé en deux segments que raccorde en i un petit tube en verre. De plus, le caoutchouc porte-pince de cette burette peut être séparé en deux parties, grâce à un petit tube en verre.

La tubulure t_3 reçoit également deux tubes en verre. L'un est la douille d'un entonnoir K, à baguette obturatrice f. Cette douille doit plonger jusqu'au fond du flacon. L'autre est le tube recourbé g, abducteur de l'hydrogène. Un petit barbotteur m, fait fermeture hydraulique. A l'appareil à titrage se trouve annexé un dispositif assurant la conservation et une manipulation commode de l'hydrosulfite de soude.

Ce réactif est renfermé dans un flacon de deux litres F', dans lequel pénètrent deux tubes à angle droit. L'un, n, n'arrive qu'à la surface du liquide. Il communique avec une prise de gaz dont le robinet reste ouvert. L'autre tube m' plonge jusqu'au fond du flacon, et son extrémité extérieure porte un long tube en caoutchouc terminé par un petit tube en verre o. Ce petit tube doit pouvoir s'engager dans le segment supérieur e du caoutchouc porte-pince de la burette H. Un petit tube en caoutchouc fermé par un bout de baguette p, sert à coiffer l'extrémité de o et fait fermeture. Le tube m' doit pouvoir glisser facilement dans le bouchon qui le porte, de telle sorte qu'on puisse de temps en temps balayer, d'un courant de gaz, l'atmosphère du flacon. Sur le trajet du caoutchouc qui amène le gaz d'éclairage est interposée une éprouvette L contenant de la pierre-ponce imbibée de pyrogallol potassique. Elle sert à retenir la petite quantité d'oxygène que contient toujours le gaz d'éclairage.

Enfin, cette même éprouvette fournit également du gaz à un grand ballon de deux litres M, contenant de l'eau bouillie, qu'on veut maintenir à l'abri de l'air. Ce ballon est installé sur un support très élevé. Le tube qui amène le gaz, arrive jusqu'à la surface de l'eau. Un second tube recourbé en siphon est prolongé par un tube en caoutchouc v, qu'on écrase à l'aide d'une pince. Le ballon et le siphon doivent être installés de telle sorte que l'extrémité du caoutchouc v puisse être commodément amenée à l'orifice de l'entonnoir K.

Pour éviter les échanges gazeux avec l'air extérieur, tous les tubes de caoutchouc employés dans l'appareil doivent être enduits à l'intérieur et à l'extérieur d'une mince couche de paraffine et de cire à parties égales.

Réactifs. — Ces réactifs sont :

1° L'hydrosulfite de soude.

2° La solution ammoniacale de sulfate de cuivre

3° La solution de carmin d'indigo.

1° On remplit complètement de planures de zinc un flacon d'environ 200 cent. cubes, mais en ayant soin de ne pas tasser, et on ajoute 100 gr. de bisulfite de soude à 30° Beaumé, en s'arrangeant de façon à ne pas laisser d'air dans le flacon. Le liquide s'échauffe instantanément. On le verse au bout d'une demi-heure dans 5 litres d'eau et on ajoute 50 à 100 gr..d'un lait de chaux contenant 200 gr. de chaux vive par litre ; on agite et on décaute le liquide clair, après repos, pour le conserver dans des flacons bien remplis et bien bouchés. Il est bon de tenir prêts d'avance deux ou trois flacons semblables au flacon F, de la figure, c'est à dire déjà munis de leur bouchons et des deux tubes m' et n. Ces flacons sont remplis complètement, bien bouchés, et les extrémités des tubes m' et n sont fermées à l'aide de petits tubes en caoutchouc paraffinés et bouchés par des baguettes de verre.

2° On dissout dans de l'eau $4^{gr},46$ de sulfate de cuivre pur, cristallisé et non effleuri (centre d'un morceau) : on ajoute un excès d'ammoniaque de façon à redissoudre le précipité formé, et on étend au litre à 15°.

3° On dissout au bain-marie 100 gr. de carmin d'indigo (sulfindigotate de sodium) en pâte dans deux ou trois litres d'eau, et on étend à dix litres. Cette solution rendue bien *homogène* est distribuée dans des flacons de un litre complètement remplis, bien bouchés et conservés à l'abri de la lumière. Ces précautions sont indispensables à la conservation du titre. On aura en outre une seconde solution d'indigo faite avec 200 gr. de carmin pour 10 litres, qui n'a pas besoin d'être titrée, et qui est destinée à ménager la première, comme on le verra plus loin. J'appellerai la première indigo titré, la seconde indigo non titré.

Opérations. — Elles comprennent : 1° le titrage des réactifs ; 2° le dosage proprement dit.

1° Une opération préliminaire consiste dans le titrage des réactifs. La solution d'indigo est titrée une fois pour toutes. L'hydrosulfite, au contraire trop altérable, doit être titrée fréquemment à l'aide de l'indigo.

On se sert à.cet effet d'un petit flacon à trois tubulures d'environ 200 gr., à travers lequel on peut faire passer un courant d'hydrogène. Cet appareil réduit ne diffère du grand flacon F que par la suppression de l'entonnoir K et de l'une des burettes. Le titrage de liqueurs employées se fait sur des quantités de liquide trop faibles pour qu'on puisse opérer dans le grand flacon F.

Le bouchon à un trou de la tubulure médiane du petit flacon porte le petit tube effilé d'une burette de Mohr. On met de côté le grand flacon F et, abaissant la burette H, on dispose le tout de façon à pouvoir adapter le caoutchouc *e* de cette burette sur le petit tube en question.

Cela fait, on procède au remplissage de la burette H. Pour cela, on la balaye par un courant d'hydrogène en donnant aux robinets R, *r* une position convenable ; puis, rendant libre l'extrémité du caoutchouc *e*, on lui adapte le petit tube *o* du flacon F'. On sépare en deux parties le caoutchouc *i*, et on remplit la burette par aspiration. On ferme la pince du caoutchouc *e*, on raccorde les deux caoutchoucs en *i*, et on détache de *e* le tube *o* que l'on recoiffe de son bouchon *p*.

On adapte alors la burette sur le bouchon du flacon, et on l'amorce en ayant soin de laisser couler au préalable l'excès de liquide réducteur dans un vase quelconque et non dans le petit flacon. Ceci fait, on laisse couler dans ce dernier 25 cent. cubes de la solution cuivrique, et on l'adapte au bouchon porteur de la burette. On balaye l'atmosphère du flacon à l'aide d'un courant d'hydrogène, tout en laissant la burette H en communication avec la source. Au bout de 5 à 10 minutes, quand on est sûr d'avoir balayé tout l'air, on ralentit le courant à l'aide des robinets, et procède à la réduction du sulfate de cuivre par l'hydrosulfite.

La fin de la réaction est indiquée par la décoloration complète du liquide. En ajoutant quelques gouttes de réactif en excès, on arrive à une teinte jaune qui annonce la réduction de l'oxyde cuivreux lui-même. On prend la moyenne entre les deux limites (décoloration et coloration en jaune), qui ne doivent différer que de un à deux dixièmes de centimètre cubes.

Cette opération est assez délicate. Le liquide paraît souvent totalement incolore, et cependant la coloration jaune n'apparaît pas, même en ajoutant en plus un demi centimètre cube de réducteur. Je n'ai obtenu des résultats concordants, qu'en plaçant à côté du flacon dans lequel se fait l'opération, un autre flacon du même verre et de même capacité contenant de l'eau. Si on examine les deux liquides sur un fond blanc, on perçoit très nettement la disparition de la dernière trace de vert.

L'apparition du jaune est aussi perçue plus facilement. Mais, en général, les chiffres qu'on obtient en s'arrêtant à la décoloration sont bien plus concordants que ceux que fournit l'apparition du jaune. Aussi ai-je choisi comme point d'arrêt la décoloration complète du liquide. L'écart entre deux essais successifs est de $0^{cc},2$ ou $0^{cc},3$; aussi est-il bon de prendre la moyenne de trois ou quatre opérations.

Il faut, en second lieu, titrer l'hydrosulfite par rapport à l'indigo. Pour cela, on introduit dans le petit flacon, soigneusement rincé, 50 cent. cubes de la solution de carmin à 100 gr. pour 10 litres. On amorce la burette, on adapte le petit flacon, et on balaye l'air par un courant d'hydrogène. On ajoute l'hydrosulfite jusqu'à ce que le liquide ait perdu toute teinte bleu verdâtre et soit devenu jaune clair.

Quand l'hydrosulfite est bien préparé, sans excès d'alcali, le virement au jaune est d'une extrême netteté. Si l'hydrosulfite est trop alcalin, ce qui arrive s'il est resté trop longtemps en contact avec un excès de chaux, le passage au jaune clair est précédé d'une teinte rouge sale, qui rend le titrage moins net. On corrige ce défaut en neutralisant l'hydrosulfite avec de l'acide acétique faible, sans le rendre néanmoins acide.

Pour que les liqueurs soient convenables, il faut que le rapport entre les volumes d'hydrosulfite et d'indigo soit d'environ un volume d'hydrosulfite pour dix d'indigo. Aussi est-il bon de faire le titrage de l'indigo avant celui du sulfate de cuivre. Je me suis mieux trouvé cependant de l'emploi d'un hydrosulfite un peu moins fort. On verra plus loin pour quelles raisons.

Je prends comme exemple une de mes déterminations :

1° 50 cent. cubes d'indigo équivalent à $9^{cc},1$ d'hydrosulfite.
2° 25 cent. cubes de sulfate de cuivre à $31^{cc},3$ —

La solution cuivrique est préparée de manière que 10 cent. cubes cèdent en se décolorant 1 cent. cube d'oxygène (à 0° et $0^m,760$ de pression).

25 cent. cubes de sulfate de cuivre ou 31^{cc},3 d'hydrosulfite valent donc. . . . . 2^{cc},5   d'oxygène.

1 cent. cube d'hydrosulfite vaut. . . . . $\dfrac{2,5}{31,3}$ —

et 9^{cc},1 d'hydrosulfite ou 50 c. c. d'indigo valent. $\dfrac{2,5 \times 9,1}{31,3}$ —

1 cent. cube d'indigo vaut. . . . . $\dfrac{2,5 \times 9,1}{31,3 \times 50} = 0^{cc},01457$

d'oxygène.

Ce résultat une fois obtenu, on se servira de préférence de l'indigo pour titrer les hydrosulfites que l'on préparera, la fin de la réaction étant plus facile à saisir. Celui du flacon F' conserve son titre pendant plusieurs jours, grâce au dispositif employé. Cependant il est bon de le titrer chaque jour, ce qui constitue d'ailleurs une opération fort simple. Dans l'appareil de M. Quinquaud, le flacon F' est en communication avec la source d'hydrogène. J'ai préféré, après quelques essais, revenir au dispositif primitivement recommandé par M. Schützenberger et me servir du gaz d'éclairage comme atmosphère conservatrice. En effet, dans l'intervalle des opérations, l'hydrogène diffuse assez rapidement même à travers les caoutchoucs paraffinés et se trouve remplacé par de l'air.

C'est pour cette raison que, malgré toutes les précautions employées, il faut éviter de se servir des dernières portions du réducteur, quand le liquide a séjourné pendant plusieurs heures dans la burette.

Le titre de l'indigo ainsi obtenu peut être contrôlé avec une grande exactitude en se servant d'eau distillée saturée d'oxygène par l'agitation à l'air, à une température et une pression connues. Le dosage de l'oxygène dissous dans l'eau se faisant dans un liquide limpide, les erreurs commises sont très légères. On opère sur 100 cent. cubes d'eau (1). J'ai trouvé ainsi pour 1000 cent. cubes d'eau :

Oxygène : quantité calculée. . . . . 6^{cc},11.
    —   trouvé à l'hydrosulfite. . . . . . . 6^{cc},19 — 6^{cc},05 — 6^{cc},03.
    —   — à la pompe à mercure. 5^{cc},93.

____

(1) Voir Schützenberger et Rissler, *Bulletin de la Société chimique*, 1873, p. 150.

2° Le dosage proprement dit exige la préparation non seulement d'un milieu exempt d'oxygène, mais encore d'un *milieu réducteur capable de s'emparer instantanément de tout l'oxygène du liquide à analyser*. La préparation de ce milieu doit se faire dans des conditions et avec des précautions spéciales dont il est bon de connaître la raison.

Si on introduit dans le flacon F rempli d'hydrogène une certaine quantité d'eau aérée légèrement colorée avec de l'indigo, et qu'on ajoute de l'hydrosulfite titré jusqu'à décoloration de l'indigo, on serait tenté de croire que le réducteur a absorbé tout l'oxygène. Il n'en est rien. Un dosage comparatif fait à la pompe montre qu'il en a absorbé juste la moitié. L'autre moitié reste dissimulée dans le liquide, même en présence d'un excès de réducteur.

Si l'on chauffe vers 60° le liquide ainsi obtenu, il se recolore en bleu dans toute la masse, et non à la surface, comme il arriverait, si la recoloration était due à l'intervention de l'oxygène atmosphérique. On finit ainsi, après des recolorations et des décolorations successives, par trouver le volume total d'oxygène, réellement contenu dans l'eau et double par conséquent de celui qu'on avait dosé d'abord. Enfin, si on emploie à la fois de l'eau tiède et un volume notable d'indigo, on arrive à absorber en une fois tout l'oxygène dissous, si le liquide n'est pas acide.

Il suffit de remplacer le courant d'hydrogène par un courant d'acide carbonique, pour voir s'opérer ce partage de l'oxygène. Mais si on ajoute quelques centimètres cubes de sang à un milieu contenant de l'oxygène dissimulé, celui-ci est immédiatement ramené à un état tel qu'il peut de nouveau agir sur l'hydrosulfite.

Or, dans le dosage de l'oxygène du sang, une dilution considérable est évidemment nécessaire, afin de rendre visible la décoloration du réactif employé. Il importe donc que le milieu liquide qui devra recevoir et diluer le sang ne contiennent pas d'oxygène dissimulé.

Ceci posé, on comprendra facilement pourquoi il est indispensable de suivre exactement le manuel opératoire qu'on va indiquer.

On remplit complètement d'eau ordinaire le flacon F, on adapte le caoutchouc des burettes, le tube adducteur d'hydrogène et, bouchant l'orifice du barbotteur *m*, on amorce par aspiration le siphon *s*. En même temps on active le courant d'hydrogène qui vient remplacer l'eau du flacon. On amorce les deux burettes, et on introduit dans le flacon par l'entonnoir K : 1° 50 cent. cubes d'indigo non titré ; 2° 50 cent. cubes d'eau de kaolin à 10 p. 100 ; 3° 250 cent. cubes d'eau de fontaine chauffée à 45 ou 50°. Le kaolin supprime la transparence du liquide et permet de mieux saisir le point de décoloration de l'indigo en présence de la matière colorante du sang. De plus, le tube de l'entonnoir K est rempli d'eau bouillie, exempte d'oxygène. Pendant ce temps, le courant d'hydrogène continue à traverser le flacon. On laisse alors couler de l'hydrosulfite jusqu'à décoloration complète du milieu. Le liquide jaune qui en résulte ne doit pas bleuir à la surface, si l'air a été complètement expulsé ; il ne doit pas non plus contenir un excès de réducteur, ce dont on s'assure en faisant tomber de la burette I quelques gouttes d'indigo qui doivent bleuir ou verdir le liquide. On détruit de nouveau cette teinte par une goutte d'hydrosulfite, et on a ainsi un milieu réducteur par l'indigo blanc qu'il contient, exempt d'oxygène, et ne contenant ni excès d'indigo, ni excès d'hydrosulfite. *On est au point.*

Le sang défibriné, préalablement saturé d'oxygène par l'agitation, débarrassé des bulles d'air par quelques tours de fronde, puis doucement remué, est aspiré dans une pipette graduée de 2 à 5 cent. cubes et introduit dans l'entonnoir. On rince la pipette à l'eau bouillie ; on laisse couler le liquide sanguin dans le flacon en soulevant la baguette obturatrice *f*. On rince également l'entonnoir et la douille avec un peu d'eau bouillie, de manière à entraîner tout le sang dans le flacon. Il faut avoir soin, bien entendu, de ne pas laisser pénétrer d'air à la suite des liquides. Il ne reste plus maintenant qu'à détruire par l'hydrosulfite la teinte bleue qu'a prise le liquide trouble. On ajoute le réducteur tout en imprimant au liquide un mouvement giratoire, et l'on s'arrête lorsqu'on est arrivé à une teinte jaune rougeâtre franche, sans mélange de vert.

La couleur propre du sang, quelque dilué qu'il soit, et la présence du kaolin masquent une certaine quantité d'indigo bleu, comme il est facile de s'en assurer par un essai direct.

On est donc amené à commettre une erreur en moins. Mais cette erreur se corrige par la manière dont on détermine le titre de l'hydrosulfite. En effet, au lieu de prendre ce titre avant l'essai du sang, sur une liqueur claire et incolore, on le prend après l'essai du sang, dans le liquide même où s'est fait le dosage d'oxygène. Sitôt qu'on est arrivé à la nuance jaune rougeâtre, on note le point d'arrêt, on laisse couler dans le flacon 20 à 30 cent. cubes d'indigo titré de la burette I, et on ramène avec l'hydrosulfite à la nuance précédente. Le volume d'hydrosulfite employé à cet effet, représente le titre qu'il convient d'adopter. Exemple :

Sang de bœuf frais saturé d'oxygène.................... 5 cent. c.

Hydrosulfite employé................................. $15^{cc},1$

Hydrosulfite nécessaire pour ramener la nuance après addition de 25 cent. cubes d'indigo............................. $4^{cc},2$

1 cent. cube de cet indigo valait........................ $0^{cc},01457$ d'oxygène.

On trouve avec ces données que :

1 cent. cube d'hydrosulfite correspond à. $\dfrac{25}{4,2}$ d'indigo,

$15^{cc},1$ d'hydrosulfite ou 5 cent. cubes de sang, valent........................... $\dfrac{25 \times 15,1}{4,2}$ d'indigo,

ou encore .... $\dfrac{25 \times 15,1 \times 0,01457}{4,2} = 1^{cc},308$ d'oxygène.

100 cent. cubes de sang contiennent donc. $1^{cc},308 \times 20 = 26^{cc},16$ d'oxyg.

L'hésitation dépasse rarement trois dixièmes de centimètre cube d'hydrosulfite. Elle est moindre, quand l'hydrosulfite est assez fort, et que les progrès de la décoloration sont rapides et nets après chaque addition de réactif. Il est vrai que l'erreur porte alors sur un nombre plus petit de centimètres cubes. Il est bon que 5 cent. cubes de sang exigent au moins 12 à 15 cent. cubes de réducteur. Dans l'exemple que j'ai choisi, un écart de $0^{cc},2$ donnerait les chiffres d'oxygène suivants :

$15^{cc},1$ d'hydrosulfite......... $26^{cc},18$ d'oxygène p. 100

$15^{cc},3$ —   .... $26^{cc},52$ —

Ecart........... $0^{cc},36$ d'oxygène p. 100.

Si l'on fait deux ou trois dosages successifs avec 5 cent. cubes de sang, sans vider le flacon, le liquide prend évidemment une teinte de plus en plus foncée, et la sensibilité du point d'arrêt diminue considérablement. En n'opérant plus que sur 2 cent. cub. de sang, on peut faire quatre dosages de suite dans le même liquide. Mais l'erreur commise est alors multipliée par 50, quand on exprime les résultats pour 100 cent. cubes de sang.

Une cause d'erreur assez importante peut provenir de l'eau bouillie, que l'on emploie pour rincer la pipette et l'entonnoir K. De l'eau distillée purgée d'air par une ébullition prolongée et distribuée encore tiède dans de petits flacons, ne tarde pas à s'oxygéner, malgré toutes ces précautions. Si la douille de l'entonnoir est un peu large, il faut au moins 25 à 30 cent. cubes d'eau pour rincer la pipette, et entraîner tout le sang dans le flacon. On peut, pour cette raison, remplacer l'entonnoir à baguette obturatrice par un simple entonnoir à boule muni d'un robinet, dont le maniement est tout aussi commode, et qu'on a soin de choisir à douille aussi étroite que possible. Ces détails ont leur importance. Il m'est arrivé bien souvent de constater que les 30 cent. cubes d'eau qui étaient nécessaires pour bien rincer la douille et pour ne plus y laisser trace de sang, bleuissaient une notable proportion d'indigo et exigeaient, pour leur réduction, deux à trois dixièmes de centimètres cubes d'hydrosulfite. Or, ceci entraîne, pour 100 centimètres cubes de sang, une erreur d'environ $0^{cc},40$ d'oxygène.

Le dispositif que j'ai adopté et qui est représenté dans la fig. 1, supprime complètement cette source d'erreur et facilite, de plus, les opérations. On fait bouillir dans le ballon M, pendant une heure, deux à trois litres d'eau. Pendant que l'eau est encore chaude, on installe le ballon sur son support, on le bouche, et donnant au siphon u une position convenable, on balaye l'atmosphère du ballon par un courant de gaz venant de l'éprouvette L. Au bout de dix minutes, on est sûr que la vapeur d'eau et le gaz ont entraîné les dernières traces d'air. On amorce alors le siphon u et on installe la pince x. On a ainsi à portée de la main et de l'entonnoir K, une provision d'eau bouillie, qui se conserve exempte d'oxygène, et qui suffit à une longue série d'expériences.

Afin d'apprécier pratiquement la limite des erreurs possibles, j'ai fait successivement une dizaine de dosages avec le même sang, en opérant chaque fois sur 5 cent. cubes, et vidant le flacon après deux opérations. Le tableau suivant donne, dans la première colonne, les chiffres d'oxygène pour 100 cent. cubes de sang; dans la seconde, l'écart positif ou négatif, qui sépare chaque résultat de la moyenne arithmétique de huit résultats.

Oxygène.	Écarts.
$24^{cc},66$	$+$ 0,26
24 ,40....................	0,00
24 ,15....................	$-$ 0,25
24 ,40....................	0,00
24 ,40....................	0,00
24 ,77....................	$+$ 0,37
24 ,19....................	$-$ 0,21
24 ,27....................	$-$ 0,13

Moy. : $24^{cc},40$

Ces chiffres permettent de calculer (1) l'erreur moyenne de chaque résultat, qui est de $0^{cc},21$, ou encore, ce qui est plus général, l'erreur moyenne de chaque résultat pour 100 cent. cubes de gaz oxygène, qui est de $0^{cc},88$ p. 100 d'oxygène.

C'est là certainement une série heureuse. En opérant sur 2 cent. cubes de sang, l'erreur absolue reste à peu près la même, ce qui fait une erreur finale pouvant aller jusqu'à $0^{cc},60$ d'oxygène. Voici encore quelques essais où il a été fait, pour chaque échantillon de sang, deux dosages seulement.

---

(1) D'après Gauss, le calcul de l'erreur moyenne d'une série de n résultats doit se faire de la façon suivante :

On prend les écarts δ, qui séparent chaque résultat de la moyenne arithmétique de tous les résultats; on fait la somme de leurs carrés, que l'on divise par le nombre des essais moins 1. La racine carrée de ce quotient est la vraie valeur de l'erreur moyenne. On a donc :

$$\text{Erreur moyenne} = \pm \sqrt{\frac{\Sigma\delta^2}{n-1}}$$

L'erreur moyenne pour 100 s'obtient d'une façon analogue, en posant égale à 100 la moyenne arithmétique des résultats.

Sang de bœuf, 5 cent. cubes :

    Oxygène pour 100 cent. cubes de sang......... 22^{cc},50

        —   —   .... 22 ,95

Sang de mouton, 5 cent. cubes :

    Oxygène pour 100 cent. cubes de sang......... 20^{cc},42

        —   —   .... 19 ,85

Sang de bœuf, 5 cent. cubes :

    Oxygène pour 100 cent. cubes de sang......... 23^{cc},17

        —   —   .... 23 ,25

De ces dosages comparatifs et d'un grand nombre d'autres, je conclus que les résultats obtenus peuvent être entachés d'une erreur maxima d'environ 0^{cc},50 à 0^{cc},60, et que l'erreur moyenne commise est à peu près de 0^{cc},25, ce qui fait une erreur maxima d'environ 2 cent. cubes, et une erreur moyenne d'environ 1 cent. cube pour 100 cent. cubes d'oxygène.

Il était intéressant de comparer les résultats fournis par ce procédé à ceux que donne la pompe à mercure. M. Schützenberger avait déjà fait remarquer que les deux appareils fournissent des chiffres concordants pour l'oxygène dissous dans l'eau, résultat confirmé, comme on l'a vu plus haut, par mes propres essais. Pour le sang, les nombres sont plus forts de 4 à 5 cent. cubes pour 100 cent. cubes de sang, que ceux qu'on trouve avec la pompe. « Cette différence, ajoute M. Schützenberger, s'explique par la rapidité avec laquelle le sang abandonné à lui-même consomme l'oxygène qu'il renferme. Une opération d'extraction de gaz à la pompe, exige au moins un quart d'heure à vingt minutes, et il n'est nullement étonnant de voir disparaître 4 à 5 centimètres cubes d'oxygène à une température de 40° ou 50°, tandis qu'avec notre procédé, le dosage est instantané ».

Les considérations générales qui ont été présentées plus haut, au sujet des causes d'erreur inhérentes à tout dosage d'oxygène en présence de matières organiques, faisaient prévoir cet écart. Mais on pouvait se demander si la réduction de l'oxyhémoglobine par l'hydrosulfite ne dépasse pas le but qu'on se propose. Rollet (1) dit qu'il est permis de supposer que la réduction ne s'arrête pas à l'hémoglobine, et Hoppe-Seyler (2) dit expressément, mais sans indiquer d'expériences, que la réduction va jusqu'à l'hémochromogène.

J'ai institué quelques expériences dans le but d'élucider cette question si intéressante. Et d'abord, il s'agissait d'établir, par des dosages comparatifs, la grandeur de l'écart. Le tableau suivant indique, dans une première colonne, les résultats fournis par l'hydrosulfite, et dans une deuxième, ceux qu'a donnés parallèlement la pompe à mercure. Une troisième colonne indique les écarts pour chaque sang ; une quatrième, les écarts pour 100 cent. cubes d'oxygène fournis par l'hydrosulfite. Tous ces dosages ont porté sur du sang de bœuf frais, préalablement défibriné.

TABLEAU I.

Oxygène p. l'hydros.	Oxygène p. la pompe.	Écarts.	Écarts p. 100cc d'ox. fournis p. l'hyd.
25,50	19,00	6,50	25,4
23,96	17,75	6,21	25,9
16,70	13,09	3,61	21,6
22,37	16,80	5,57	24,8
20,07	14,80	5,27	26,2
26,35	21,40	4,95	18,7
24,79	20,00	4,79	19,3
26,75	21,62	5,13	19,1

L'écart entre les deux dosages varie donc du cinquième au quart de la quantité d'oxygène fournie par l'hydrosulfite. Chacun des procédés de dosage comporte une erreur qui peut aller jusqu'à 2 p. 100 de la quantité

(1) *Handbuch der Physiologie de Hermann*, art. *Sang*.
(2) *Physiolog. Chemie*, p. 551.

d'oxygène à doser. Les oscillations que présentent les chiffres de la quatrième colonne n'ont donc rien qui doive nous étonner, quelle que soit d'ailleurs la cause constante ou non qui produit ces écarts.

Quelle est, en second lieu, la cause de ces divergences? L'hypothèse de M. Schützenberger suffit-elle pour les expliquer?

Des expériences instituées par M. Regnard (1) dans le but d'étudier la respiration élémentaire, nous fournissent déjà quelques indications intéressantes :

M. Regnard prend un litre de sang de bœuf défibriné dont il détermine, à la pompe, la capacité respiratoire. Elle est de $20^{cc},4$ p. 100.

Cela fait, il divise le sang en six échantillons de 100 grammes chacun, placés dans des flacons pleins et hermétiquement clos. Ces flacons sont abandonnés pendant une heure à des températures allant de 0° à 65°. Les quantités d'oxygène consommé, ramenées à l'heure et au kilogramme de sang, furent les suivantes :

à 0°	3^{cc}
20°	8
30°	24
40°	48
50°	40
65°	0

M. Regnard conclut de ces expériences que la consommation d'oxygène est en rapport avec la température, mais qu'à partir d'un chiffre élevé, 60 à 65°, l'élément anatomique est tué, qu'il ne peut plus absorber ni consommer de l'oxygène.

Ces dosages ont été faits avec la pompe à mercure, c'est à dire par le procédé qui est précisément mis en question dans la discussion qui nous occupe. De plus, ces expériences, dont la durée est chaque fois d'une heure, ne nous apprennent pas comment la consommation est repartie dans ce laps de temps. Il se pouvait qu'elle fût très rapide au début, dans les dix premières minutes,

---

(1) *Variations patholog. des combustions respiratoires*, Paris, 1879,

durée maxima de l'extraction proprement dite par la pompe, pour se ralentir ensuite. De plus, du sang saturé d'air et abandonné à lui-même, ne se trouve pas dans les mêmes conditions que lorsqu'il est soumis à une extraction à la pompe. Dans le premier cas, l'affinité de l'hémoglobine pour l'oxygène, si instable que soit cette combinaison, doit opposer une certaine résistance aux combustions accessoires. Au contraire, dans un sang en voie de réduction par la pompe, l'oxygène sort d'une combinaison et se trouve dans le sein d'un liquide à 60° ou 70°, constamment agité par une ébullition violente.

J'ai d'abord fait, avec le même sang, quelques extractions à la pompe, en faisant durer l'opération de plus en plus longtemps.

Un premier dosage mené rapidement (6 à 8 minutes), le bain-marie étant à l'ébullition, donne pour 100 cent. cubes de sang de bœuf frais, défibriné.

$$\text{Oxygène, } 20^{cc},5 \text{ p. } 100.$$

Dans un second dosage, la température du bain-marie étant de 60 à 70°, on attend cinq minutes avant de commencer l'extraction, qui dure en tout quinze minutes.

$$\text{Oxygène, } 19^{cc},2 \text{ p. } 100.$$

Troisième dosage: on attend dix minutes avant de donner un coup de pompe, la température de bain-marie étant de 75°. Durée totale de l'extraction, 25 minutes.

$$\text{Oxygène, } 17^{cc},8 \text{ p. } 100.$$

Il a donc disparu, dans la deuxième expérience, $1^{cc},3$ d'oxygène, soit 6,4 p. 100 de gaz, dans la troisième, $2^{cc},7$, soit 13,2 p. 100 p. de gaz.

Dans le procédé de M. Schützenberger, le dosage de l'oxygène est instantané. On peut donc, à l'aide de l'hydrosulfite, savoir quelle est, à chaque instant, la richesse en oxygène d'un sang primitivement saturé d'air. Le problème à résoudre est le suivant: les conditions dans lesquelles se fait une extraction d'oxygène à la pompe, peuvent-elles entraîner une disparition de

4 à 6 cent. cubes d'oxygène pour 100 cent. cubes de sang. Voici les expériences que j'ai faites à ce sujet.

La capacité respiratoire d'un sang de bœuf frais est de :

Oxygène, $26^{cc},07$ p. 100, par l'hydrosulfite.
— $21^{cc},53$ p. 100, par la pompe.

Je prélève ensuite sur le sang saturé, quatre échantillons d'environ 20 grammes chacun, qui sont placés dans de petits tubes très étroits, bien remplis et hermétiquement clos. Deux d'entre eux sont abandonnés à la température du laboratoire, deux autres sont immergés dans un bain-marie maintenu à une température constante de 40°. J'attends des temps variables, puis je fais un dosage avec le contenu de chacun des tubes, en opérant sur 5 cent. cubes de sang.

Je trouve ainsi :

Capacité respiratoire.......... $26^{cc},07$ p. 100.

A la température de 15° :

Au bout de quinze minutes..... $25^{cc},2$ —
—   vingt-cinq minutes.. $25^{cc},2$ —

A la température de 40° :

Au bout de sept minutes....... $23^{cc},90$ —
—   vingt — .... $20^{cc},18$ —

Les pertes en oxygène, éprouvées par le sang, ont donc été successivement de :

$0^{cc},87$ $0^{cc},87$ $3^{cc},17$ $5^{cc},89$ pour 100 cent. cubes du sang.

Ou encore :

$3^{cc},4$ $3^{cc},4$ $8^{cc},4$ $22^{cc},6$ pour 100 cent. cubes d'oxygène.

Le dosage à la pompe à mercure avait fourni $4^{cc},54$ de moins que le dosage

à l'hydrosulfite. On voit qu'il a fallu une digestion de vingt minutes à 40°
pour produire une diminution d'oxygène un peu supérieure à cet écart.

J'ai répété l'expérience avec du sang en putréfaction. Trois tubes semblables aux précédents, sont tous abandonnés pendant des temps variables,
dans un bain-marie à 40°. Voici les résultats obtenus:

Capacité respiratoire.................	18ᶜᶜ,61 p. 100.
Après 15 minutes à 40°	12ᶜᶜ,44 —
— 25 —	10ᶜᶜ,61 —
— 30 —	7ᶜᶜ,19 —

Ce dernier échantillon, saturé par une nouvelle agitation, fournit, comme
précédemment, 18ᶜᶜ,72 p. 100.

On assiste donc là à une consommation très rapide de l'oxygène, évidemment exagérée par les phénomènes de putréfaction. J'ai, du reste, indiqué
(page 37) avec expériences à l'appui, la nécessité d'une agitation prolongée
et d'une extraction rapide, quand il s'agit de sang putréfié.

Les chiffres qui précèdent, rapprochés de ceux de M. Regnard, suffisent
pour expliquer l'écart des résultats fournis par les deux procédés, sans qu'il
soit nécessaire de recourir à l'hypothèse d'une décomposition plus profonde
de l'hémoglobine par l'hydrosulfite. Cependant, comme l'hypothèse de Rollet
et de Hoppe-Seyler, met en jeu le principe même du procédé de dosage, j'ai
institué l'expérience suivante :

Si, dans le dosage à l'hydrosulfite, la réduction ne va réellement que de
l'oxyhémoglobine à l'hémoglobine, une solution sanguine ou une solution
de matière colorante pure, complètement réduite par un courant d'hydrogène, ne doit plus bleuir le milieu réducteur du flacon à dosage. On interpose donc, sur le trajet du courant d'hydrogène qui balaye ce flacon,
un petit laveur contenant 50 cent. cubes d'une solution d'oxyhémoglobine
à 1ᵍʳ,4 p. 0/0 environ. Cette solution renferme à peu près autant d'hémoglobine que les 5 cent. cubes de sang ordinairement employé au
dosage. Elle a de plus l'avantage considérable de ne pas donner de mousse
persistante. On fait passer lentement le courant d'hydrogène à travers
la solution, et de là dans le flacon à dosage, où l'on prépare le milieu
réducteur. On maintient le courant pendant deux heures, et on surveille les

progrès de la réduction avec un petit spectroscope à main. Du reste, la mousse du flacon à dosage constitue un réactif indicateur des plus sensibles, car elle verdit légèrement au contact des moindres traces d'oxygène amenées par le courant d'hydrogène. Lorsque ce phénomène ne se produit plus depuis une demi-heure, on se met à l'abri de l'erreur qui pourrait résulter d'un petit excès d'hydrosulfite dans la liqueur du flacon, en donnant à celle-ci, à l'aide d'un léger excès d'indigo, une très faible teinte verte ; puis inclinant le flacon à hémoglobine, on fait couler la solution dans le milieu réducteur.

Il ne produit pas la moindre coloration bleue ou verte.

L'expérience est répétée avec 3 cent. cubes de sang de bœuf étendus de 50 cent. cubes d'eau ; la mousse qui se produit abondamment est retenu par un deuxième flacon. Le résultat final reste le même.

On peut donc affirmer que l'hydrosulfite de soude ou plutôt l'indigo blanc, n'enlève pas à l'oxyhémoglobine plus d'oxygène qu'un courant d'hydrogène. Or, ce gaz déplace l'oxygène d'une façon purement physique, et son action réductrice s'arrête évidemment à l'hémoglobine. Donc, quel que soit le composé qui prend naissance dans la réduction par l'indigo blanc, on peut dire que le procédé de Schützemberger ne dose que l'oxygène faiblement combiné, et que, si des décompositions plus profondes se produisent, elles n'augmentent pas la quantité d'oxygène cédée au réducteur.

J'ai essayé de me rendre compte, à l'aide du spectroscope, de la nature des produits qui résultent immédiatement de l'action réductrice de l'hydrosulfite, et en particulier de constater s'il se forme de l'hémochromogène.

Quelques centimètres cubes de sang de bœuf défibriné sont additionnés d'un grand excès d'hydrosulfite étendu. On obtient ainsi un liquide limpide qui présente aussitôt la bande unique de l'hémoglobine. Cette solution, maintenue devant le spectoroscope dans un lactoscope de Donné, est examinée de temps en temps sous des épaisseurs variables. On n'aperçoit aucune bande à côté de celle de l'hémoglobine.

A la vérité, si l'on consulte les planches spectrales de Hoppe-Seyler, on voit qu'il est assez difficile de reconnaître l'hémochromogène à côté de l'hémoglobine. L'hémochromogène en solution alcaline présente en effet une première bande très sombre occupant dans le spectre à peu près la même place que la bande unique de l'hémoglobine, plus une deuxième bande peu nette, qui tombe sur le groupe des lignes E, *b*. Or, je n'ai jamais pu apercevoir qu'une seule bande qui, à son maximum d'intensité, allait environ de C 85 D à D 84 E (1), limites qui se rapportent bien à la bande de l'hémoglobine. En faisant varier l'épaisseur de la solution, on observe tous les phénomènes spectroscopiques propres à cette substance. Néanmoins la solution contenait un peu d'hémochromogène, dont la présence fut constatée par le procédé détourné suivant :

On a vu que l'hémochromogène, produit de dédoublement de l'hémoglobine, se transforme très rapidement à l'air en hématine.

Donc si l'hydrosulfite transforme la matière colorante du sang en hémochromogène, la solution réduite, agitée à l'air, devra présenter les réactions spectroscopiques de l'hématine en solution alcaline. Mais cette agitation aura en même temps pour effet de retransformer en oxyhémoglobine toute l'hémoglobine que le réducteur aura laissée intacte. En opérant ainsi, c'est à dire, réduisant du sang par un excès d'hydrosulfite, puis oxygénant le liquide au bout de 5, 10, 20 minutes, on retrouve chaque fois au spectroscope les deux bandes de l'oxyhémoglobine très nettes et très sombres, et à côté, dans le rouge, une bande faible, étroite, mais nette, et allant environ de C 60 D à C 80 D. Cette bande ne disparaît pas par une dilution assez forte. La potasse est sans action sur elle. Elle n'est donc pas due à de la méthémoglobine, mais bien à de l'hématine. La durée du contact avec l'hydrosulfite augmente la quantité d'hématine formée. Mais, même au bout de 20 minutes, à en juger du moins par l'intensité relative des bandes d'absorption, cette quantité est encore très faible relativement à celle de l'oxyhémoglobine régénérée. On peut donc affirmer que les quantités d'hémochromogène, qui pourraient se former pendant les deux minutes qui sont nécessaires à un dosage à l'hydrosulfite, doivent être tout à fait insignifiantes.

On peut objecter ici que, dans le procédé de Schützenberger, c'est l'indigo blanc qui est le véritable réducteur employé; l'hydrosulfite n'intervient que

---

(1) **Voir chapitre III.**

pour décolorer l'indigo bleu formé à la suite de l'introduction du sang. L'action réductrice de cette substance s'arrête-t-elle à l'hémoglobine ?

L'étude de cette question est assez délicate. La moindre trace d'oxygène transforme l'indigo blanc en indigo bleu, qui donne une bande très sombre située dans le rouge, environ dans la région C 60 D, et se confondant presque avec celle de l'hématine.

Je me suis contenté de faire les deux expériences suivantes :

On prépare comme d'habitude le milieu réducteur du flacon à titrage, mais sans ajouter de kaolin. Le courant d'hydrogène passe au sortir du flacon à travers une petite cuve pour analyse spectrale. Cette cuve est hermétiquement close par un couvercle en laiton qui porte deux petits ajutages munis de robinets. Lorsque le courant d'hydrogène a chassé tout l'air, on introduit dans le flacon à titrage 2 cent: cubes de sang de bœuf. On détruit la coloration bleue comme s'il s'agissait d'un dosage, puis, inclinant le flacon, on fait passer le liquide réduit dans la petite cuve que l'on remplit exactement. On ferme les deux robinets, on détache le caoutchouc qui a amené le liquide, et on porte la cuve devant la fente du spectroscope. On n'observe que la bande unique de l'hémoglobine.

Dans une deuxième expérience, j'introduis une portion du même liquide dans un tube que j'étire à la lampe. Une légère coloration bleue se produit naturellement pendant ce transvasement. Mais elle disparaît au bout de vingt-quatre heures, grâce à l'action réductrice de la putréfaction qui s'empare du liquide.

Pendant quatre semaines environ, les phénomènes spectroscopiques restent les mêmes. La bande unique de l'hémoglobine est seule visible. Puis le liquide se trouble, prend une teinte jaune sale, et le spectroscope décèle la présence de quantités croissantes d'hématine. A l'ouverture du tube, le liquide est examiné sous des épaisseurs variables. On constate qu'il ne contient plus que des traces d'hémoglobine. La transformation en hématine est presque totale.

L'action prolongée de l'indigo blanc sur la matière colorante du sang produit donc finalement de l'hématine. Cette décomposition se produit-elle déjà durant les quelques minutes nécessaires au dosage. C'est peu probable.

Quoi qu'il en soit, l'exactitude du procédé subsiste toute entière. Je citerai encore l'expérience suivante qui en est une nouvelle preuve.

On prend la capacité respiratoire d'un sang de bœuf. Elle est de $23^{cc},17$ 0/0.

On en additionne quelques centimètres cubes d'une quantité connue d'hydrosulfite. Au bout d'une minute, on sature le liquide d'oxygène, et on reprend la capacité respiratoire en tenant compte de la dilution.

Elle est de $23^{cc},33$ 0/0.

De cette étude comparée, il ressort nettement, je le crois, que l'extraction par la pompe à mercure ne fournit jamais tout l'oxygène primitivement fixé par le sang.

Le dosage par l'hydrosulfite de soude, grâce à sa rapidité, permet de déterminer au contraire la capacité respiratoire réelle du sang.

L'oxygène faiblement combiné est seul fixé par le réducteur. Les résultats obtenus ne sont donc pas trop forts, comme l'ont avancé Rollet et Hoppe-Seyler.

Voyons maintenant comment ce procédé a été appliqué au dosage de l'hémoglobine.

J'exposerai successivement les résultats de M. Quinquaud et ceux que j'ai obtenus moi-même.

M. Quinquaud a exécuté un nombre considérable de dosages d'oxygène, se rapportant aux cas pathologiques les plus divers. Je n'ai aucune objection à élever contre ces chiffres, qui sont du plus haut intérêt clinique. Mais les expériences qui ont servi de point de départ à leur transformation en poids d'hémoglobine, ne peuvent être acceptées sans réserves.

« Notre procédé, dit M. Quinquaud, repose sur ce fait démontré par nos expériences que les volumes maxima d'oxygène absorbables par l'unité de volume d'un sang donné, sont proportionnels à la dose d'hémoglobine que ce sang renferme. Nos expériences ont été vérifiées par les dosages directs et la spectroscopie : les chiffres sont à peu près les mêmes; il n'existe de variante que pour les nombres de Preyer qui sont un peu plus élevés, mais les rapports sont les mêmes.

» En employant le procédé de l'hydrosulfite, nous avons trouvé pour 1,000 cent. cubes de sang :

Oxygène { Homme....... 240 cent. cubes.
Bœuf......... 220 —
Canard....... 150 —

» De plus, Pelouze a trouvé pour la quantité de fer contenue dans 1,000 grammes de sang les nombres suivants :

Fer { Homme....... 0^{gr},53
Bœuf......... 0 ,48
Canard .... 0 ,34

» Il est facile de voir que ces derniers résultats concordent sensiblement avec les premiers.

» Enfin les données publiées par Hoppe-Seyler, permettent de calculer le poids d'hémoglobine correspondant aux quantités de fer que nous venons de signaler. En effet, d'après ce chimiste, 0^{gr},43 de fer correspondent à 100 gr. d'hémoglobine. On trouve ainsi pour 1,000 gr. de sang :

Hémoglobine { Homme....... 125^{gr}
Bœuf......... 114 ,5
Canard .... 78 ,12

» D'ailleurs, les nombres de Preyer fournis par l'appareil spectral sont un peu plus élevés, mais les rapports restent les mêmes.

» Il résulte de là, que comme nous l'avons annoncé plus haut, la dose maxima d'oxygène absorbée par le sang peut servir à mesurer l'hémoglobine.

» Ainsi 1,000 gr. de sang humain contiennent 125 gr. d'hémoglobine et absorbent 240 cent. cubes d'oxygène. »

M. Quinquaud détermine donc, à l'aide de l'hydrosulfite, les quantités maxima d'oxygène absorbables par un même volume du sang de différentes espèces animales. Il compare les chiffres qu'il obtient aux quantités de fer déterminées par Pelouze chez les mêmes animaux, mais sur d'autres échantillons, et il trouve qu'il y a proportionalité.

Il admet donc implicitement que la proportion de fer et d'oxygène est sensiblement constante dans une même espèce.

L'expérience montre qu'il n'en est rien. Il est vrai que M. Quinquaud ne cite chaque fois qu'un seul chiffre d'oxygène pour l'homme, le bœuf et le canard. Mais les résultats dont les nombres 240 — 220 — 150 sont les moyennes, ont certainement dû présenter des oscillations qu'il eût été intéressant de connaître.

J'ai trouvé pour 1,000 cent. cubes de sang de bœuf défibriné, de 180 à 260 cent. cubes d'oxygène. Le sang de bœuf peut donc fixer à la fois beaucoup plus et beaucoup moins d'oxygène que le sang d'homme. D'autre part, si on consulte le tableau complet des déterminations de fer dans le sang, dressé par Preyer (1), on voit qu'à l'état physiologique, la quantité de fer pour 1,000 gr. de sang oscille chez la femme entre $0^{gr},48$ et $0^{gr},57$, chez l'homme entre $0^{gr},50$ et $0^{gr},63$. Pour le bœuf, les chiffres extrêmes trouvés par Pelouze sont : $0^{gr},48$ et $0^{gr},547$.

Des variations aussi grandes rendent donc absolument illusoire la proportionnalité énoncée par M. Quinquaud. Elle existe certainement ; mais pour connaître la valeur exacte du rapport constant qui relie l'oxygène au fer, il faut de toute nécessité doser ces deux éléments dans le même échantillon de sang.

C'est ce que j'ai fait dans une série d'expériences résumées par le tableau II. Le dosage de l'oxygène exige que le sang soit défibriné. Or le caillot de fibrine emporte avec lui une quantité inconnue et variable de matière colorante et d'eau. Pour cette raison, mes déterminations de fer ont porté, comme les dosages d'oxygène, sur du sang défibriné.

De plus, comme on ne connaît pas exactement la richesse en fer des différentes hémoglobines, j'ai tenu à opérer toujours sur du sang de bœuf, afin que les quantités de matière colorante calculées d'après la richesse en fer, fussent toutes entachées de la même erreur.

Enfin les dosages de fer ont été exécutés sur des quantités pesées de sang, qui doivent être transformées en volume à l'aide de la densité. Celle-ci a été prise chaque fois à l'aide d'une série de densimètres étalons d'Alvergniat,

---

(1) *Die Blutkrystalle*, p. 117, Iéna, 1871.

dont les divisions, très espacées, permettent une lecture suffisamment exacte. En effet, en prenant la densité d'un sang de bœuf défibriné par la méthode du flacon et à l'acide du densimètre, j'ai obtenu les chiffres suivants :

Par la méthode du flacon 1060,9

Au densimètre............................. 1061

Le tableau IV contient les résultats de huit dosages comparatifs de fer et d'oxygène, exécutés sur du sang de bœuf.

La première colonne indique les quantités de fer trouvées dans 100 gr. de sang : la deuxième, les poids d'hémoglobine correspondants, calculés pour 100 gr. de sang, en adoptant le diviseur 0,42 ; la troisième, les densités des différents sangs ; la quatrième, les poids d'hémoglobine pour 100 cent. cubes de sang ; la cinquième et la sixième, les quantités d'oxygène fournies par la pompe à mercure et par l'hydrosulfite pour 100 cent. cubes de sang ; la septième et la huitième. la quantité d'oxygène fixée par un gramme d'hémoglobine et calculée d'après les chiffres des deux colonnes précédentes.

TABLEAU II.

Fer de 100 gr. de sang.	Hémoglobine de 100 gr. de sang.	Densité.	Hémogl. de 100^{cc} de sang.	Oxygène de 100^{cc} de sang		Ox. p. 1 gr. d'hémogl.	
				I. Pompe.	II. Hydros.	I. Pompe.	II. Hydros.
0^{gr},0554	13^{gr},19	1057	13,94	20,09	26,85	1,44	1,92
0 ,0537	12 ,78	1059,5	13,54	19,17	24,00	1,41	1,77
0 ,0546	13 ,00	1060	13,78	19,03	24,10	1,38	1,78
0 ,0544	12 ,95	1064	13,77	19,00	25,50	1,37	1,85
0 ,0473	11 ,26	1059	11,92	17,75	23,96	1,49	2,01
0 ,0358	8 ,52	1049	8,93	13,09	16,70	1,46	1,87
0 ,0431	10 ,26	1055	10,82	16,80	22,37	1,55	2,06
0 ,0418	9 ,95	1055	10,49	14,80	20,07	1,41	1,91
					Moyennes	1,44	1,89

Ce tableau montre d'abord qu'en confondant 100 gr. et 100 cent. cubes de sang, on commet une erreur qui n'est pas négligeable; et M. Quinquaud, qui ne connaissait pas la densité des sangs analysés par Pelouze, n'a pu la corriger.

En second lieu, on voit que les chiffres des deux dernières colonnes, qui indiquent les volumes d'oxygène fixés par 1 gr. d'hémoglobine, présentent des oscillations assez notables. Ce résultat n'a rien d'étonnant, si l'on se rappelle les considérations générales qui ont été présentées à propos du dosage de l'oxygène en présence des matières organiques.

La moyenne de $1^{cc},44$ fournie par les analyses à la pompe à mercure, est inférieure aux chiffres qui ont été obtenus par les différents auteurs.

J'ai exposé et discuté ces résultats plus haut (page 26). Je me contente de les reproduire ici afin de faciliter la comparaison. On a trouvé, pour 1 gr. d'hémoglobine, par voie absorptiométrique:

Preyer....... $1^{cc},80$ $1^{cc},72$ $1^{cc},62$ d'oxygène.
Hüfner....... $1^{cc},58$ —

Par épuisement à l'aide du vide, ou déplacement par l'oxyde de carbone:

Hoppe-Seyler .... $1^{cc},68$ d'oxygène.
Dybkowski .... 1 ,56   —
Hüfner..................... 1 ,74   —

Quantité théorique........... 1 ,67   —

Plusieurs de ces auteurs se sont donc servis, comme moi, de la pompe à mercure. Mais ils opéraient sur des solutions d'hémoglobine pure, en présence desquelles les pertes d'oxygène sont certainement bien moindres.

D'autre part, le chiffre 1,89, moyenne des analyses à l'hydrosulfite, est au contraire plus fort que les résultats les plus élevés trouvés jusqu'à présent. Cette circonstance peut tenir à la rapidité du dosage dans le procédé de Schützenberger, mais aussi à une erreur constante et toujours de même sens, commise dans les déterminations de l'hémoglobine. Les erreurs de dosage du fer ont dû se produire aussi souvent dans un sens que dans l'autre. Un écart constant et par excès ne s'expliquerait donc qu'en admettant que le diviseur 0,42 est trop fort pour le sang de bœuf et qu'il en est résulté des chiffres trop faibles pour l'hémoglobine, et par suite des valeurs trop élevées de la constante cherchée. Cette hypothèse paraît peu probable ; car on ne connaît pas, jusqu'ici, d'hémoglobine contenant moins de 0,42 de fer pour cent.

Enfin les résultats que je viens de reproduire ont été obtenus en opérant sur du sang de chien, tandis que les miens se rapportent à du sang de bœuf ; rien ne prouve que le pouvoir absorbant soit le même pour toutes les hémoglobines, bien que la chose semble de plus en plus probable.

La constante d'absorption calculée à l'aide des chiffres de M. Quinquaud est : $1^{cc},92$. L'accord se trouve être satisfaisant malgré l'incertitude des données qui ont servi de point de départ.

Néanmoins je n'accorde qu'une confiance limitée au chiffre $1^{cc},89$, moyenne de mes huit expériences. Les dosages de l'oxygène par l'hydrosulfite, et surtout de l'hémoglobine par le fer, comportent des causes d'erreur trop grandes, les résultats que j'ai obtenus présentent des oscillations trop considérables, enfin le nombre des déterminations est trop faible pour qu'il soit permis de considérer ce chiffre comme une valeur suffisamment exacte de la constante cherchée.

Je crois que, pour résoudre cette question, il faut opérer par voie absorptiométrique, en partant de l'équation de Hüfner (1), et en employant des solutions d'hémoglobine pure, chaque fois que la nature du sang permettra d'en obtenir en quantité suffisante.

D'une manière générale, il faut s'abstenir de transformer en poids d'hémoglobine, les résultats fournis par les dosages d'oxygène. La capacité respiratoire renseigne suffisamment sur la valeur physiologique du sang analysé, et je crois qu'il vaudrait mieux conserver les résultats sous cette forme que de les traduire d'une manière inexacte en poids d'hémoglobine, que l'on est ensuite tenté de comparer aux chiffres fournis par d'autres méthodes.

------

(1) Voir page 27.

§ IV. — Dosage de l'hémoglobine par le chlore.

M. Quinquaud (1) a proposé récemment une méthode de dosage de l'hémoglobine par décoloration du sang, à l'aide du chlore. Voici la note qu'il a communiquée à ce sujet à la Société de Biologie :

« En ajoutant de l'eau de chlore ou des hypochlorites au liquide sanguin, celui-ci passe par les teintes noir foncé, jaune noir, jaune sale, jaune verdâtre et *teinte limite* gris verdâtre, qui est fort nette, lorsqu'on regarde à la lumière réfléchie.

» Pour doser l'hémoglobine totale, il suffit de connaître, une fois pour toutes, quel volume d'eau de chlore titrée décolore une quantité connue d'hémoglobine cristallisée. On pourra ensuite se servir de cette même eau de chlore pour décolorer un volume donné de sang.

» Il faut commencer par titrer l'eau de chlore à l'aide d'une solution alca.ine d'acide arsénieux, dont on prend 4 centimètres cubes :

$$
\begin{array}{ll}
\text{Eau distillée} \dots\dots\dots\dots\dots\dots & 250 \text{ gr.} \\
\text{Acide arsénieux} \dots\dots\dots\dots\dots & 6^{\text{gr}},187 \\
\text{Carbonate de soude} \dots\dots\dots\dots & 3^{\text{gr}},312
\end{array}
$$

» Le *point-limite* est indiqué par la décoloration du sulfate d'indigo. A l'aide d'un dispositif particulier, on aspire, dans une burette graduée, de l'eau de chlore qui doit décolorer 1 à 2 cent. cubes de sang ; on note la quantité d'eau de chlore employée, et l'on ramène, à l'aide d'une simple proportion, cette quantité à ce qu'elle aurait été, s'il avait fallu 10 centimètres pour 4 cent. cubes de la solution arsénicale.

» D'autre part, on décolore de la même manière une solution titrée d'hémoglobine cristallisée ; on a ainsi la quantité d'eau de chlore qui correspond à une quantité déterminée d'hémoglobine desséchée à 100°. D'un autre côté, bien que l'analyse soit longue et pénible, nous avons dosé directement l'hémoglobine cristallisée, dans un volume donné de sang ; au total des

____
(1) Société de Biologie, mai 1882.

cristaux, on ajoute la quantité d'hémoglobine restée en solution dans les eaux mères, ce qui s'obtient par la méthode optique.

» Préalablement, on décolore 1 à 2 cent. cubes de ce même sang, à l'aide de l'eau de chlore titrée ; on peut alors déterminer l'équivalence de l'eau chlorée en hémoglobine. En opérant de cette manière, on arrive à conclure que $5^{cc},5$ d'une eau chlorée titrant 10 centimètres cubes pour 4 centimètres cubes de notre solution arsénicale, décolorent $0^{gr},085$ d'hémoglobine cristallisée, purifiée et desséchée à 100°. Certes, le chlore agit sur d'autres substances ; mais pour 1 cent. cube de sang décoloré par 16 ou 18 cent. cubes d'eau de chlore, l'erreur n'est guère de plus de $0^{cc},3$ à $0^{cc},5$; d'ailleurs, cette différence peut être fort atténuée.

» *Manière d'opérer.* — En titrant la solution arsénicale, on trouve que 4 cent. cubes exigent $11^{cc},3$ d'eau chlorée pour la transformation en arséniate. D'autre part, 1 cent. cube de sang nécessite $11^{cc},1$ d'eau de chlore pour se décolorer.

» Pour savoir quelle est la quantité d'eau de chlore qu'il faudrait, si le titre était 10 au lieu de $11^{cc},3$, on aura :

$$\frac{11,3}{11,1} = \frac{10}{x} \qquad x = 9,82$$

» Mais nous avons appris, par des recherches multipliées, que $5^{cc},5$ d'eau de chlore, au titre 10, correspondent à $0^{gr},085$ d'hémoglobine ; on aura donc, pour la quantité d'hémoglobine d'un centimètre cube de sang :

$$\frac{5,5}{0,085} = \frac{9,82}{x} \qquad x = 0,1517$$

ou bien $151^{gr},7$ par 1,000 gr. de sang. Dans ce cas, la méthode optique a donné 153 gr., et la méthode directe 150 gr.

» D'ailleurs, nous avons fait un dosage comparatif du même sang par diverses méthodes ; les nombres du tableau expriment, en grammes, la quantité d'hémoglobine contenue dans 1,000 gr. de sang.

Tableau III.

	Décolorim.	Méth. opt.	Méthode directe.	Méth. à l'hydros.
Bœuf	120^{gr},6	112^{gr}	116^{gr},1	116^{gr}
Chien	158	160	151 ,3	152
Id.	150 ,4	153	145	147
Truie	119 ,3	121	113 ,4	114
Veau	84 ,5	86	78 ,2	79 ,7
Poule	73 ,8	75	71 ,6	70 ,2
Femme	123 ,3	126	—	119 ,6

» La décolorimétrie, la méthode optique et la méthode directe donnent des nombres très semblables : toutes trois mesurent l'*hémoglobine totale ;* les chiffres obtenus par la méthode à l'hydrosulfite sont inférieurs, puisque le procédé n'apprécie que l'*hémoglobine active.* »

Ce procédé séduit au premier abord par sa simplicité. Fondé sur l'emploi de liqueurs titrées faciles à préparer, il ne nécessite qu'un appareil instrumental fort simple, qui peut être improvisé rapidement. De plus, il a l'avantage de doser directement l'hémoglobine, et de n'exiger qu'une quantité de sang assez faible. J'ai essayé de me rendre compte, par une série d'expériences, de la valeur pratique de ce procédé.

J'ai opéré avec une eau chlorée contenant, par centimètre cube, 0^{gr},0048 de chlore.

J'ai constaté d'abord que l'apparition de la teinte limite gris verdâtre est, en effet, assez nette. Des échantillons de 1 cent. cube du même sang de bœuf ont exigé successivement, pour leur décoloration, les volumes suivants d'eau chlorée :

$$16^{cc},8 - 16^{cc},2 - 17^{cc},0 - 16^{cc},6 - 15^{cc},8.$$

Le dernier de ces chiffres, qui est le plus faible, est le résultat d'un dosage mené moins rapidement que les précédents. Je me suis demandé à ce propos, si le chlore successivement ajouté au liquide sanguin, disparaît immédiatement, auquel cas le dosage peut être mené rapidement, ou si, au contraire, il peut rester un certain temps en excès et à l'état libre dans la solution.

Pour cela, j'ajoute par portions successives 2 cent. cubes d'eau chlorée à 1 cent. cube du même sang de bœuf. Je constate à ce moment, à l'aide d'un papier ioduré et amidonné, que le liquide ne contient pas de chlore libre. Au spectroscope, on aperçoit les deux bandes de l'oxyhémoglobine, et dans le rouge une troisième bande assez faible, dont le milieu correspond environ à la région C 54 D. Le liquide est resté limpide, et sa couleur est d'un brun foncé, avec une faible pointe de rouge.

On continue l'addition d'eau chlorée. A $2^{cc},5$, pas de chlore libre dans la solution ; au spectroscope, on voit que les bandes de l'hémoglobine vont en pâlissant.

A 3 cent. cubes, le chlore reste en excès, malgré une agitation de quelques minutes. Les bandes de l'oxyhémoglobine ont complètement disparu, tandis que celle qui s'est produite dans le rouge augmente de netteté.

A partir de ce moment, et jusqu'à l'apparition de la teinte limite, le liquide contient du chlore libre, malgré une agitation prolongée. Bien plus, si l'on ajoute à 1 cent. cube du même sang de bœuf, 8 cent. cubes d'eau de chlore, la moitié par conséquent de la quantité nécessaire pour amener la coloration finale, on constate encore, 5 heures après, la présence du chlore libre dans la solution.

Si l'on continue l'addition du chlore, le liquide prend une couleur vert brun, et au spectroscope la bande qui s'est produite dans le rouge diminue à son tour d'intensité. Finalement la solution se trouble : il se produit un coagulum vert-grisâtre, auquel est due la teinte limite de M. Quinquaud. Le liquide filtré est légèrement coloré en vert et ne présente rien de particulier au spectroscope.

Je n'ai pas poussé plus loin l'étude de ces réactions. La bande observée dans le rouge est due probablement à de la méthémoglobine. D'autres fois, j'ai pu constater une formation d'hématine. Les phénomènes spectroscopiques ont été sous ce rapport trop variables, et cette étude trop rapide, pour qu'il me soit possible de conclure à ce sujet.

Je ne veux retenir de ces expériences qu'un fait constant, à savoir que la destruction de l'hémoglobine est presque immédiate, et qu'elle est achevée alors qu'on est encore loin de la teinte finale. A partir de ce moment, le chlore n'agit plus que sur des produits de décomposition, qui semblent résister un certain temps à son action ; il reste en excès dans le liquide, et c'est à cette circonstance que j'attribue les oscillations des résultats cités plus haut. L'expérience suivante en est la preuve :

Je suppose que 16 cent. cubes d'eau de chlore soient nécessaires pour amener la coloration finale avec 1 cent. cube de sang. Si l'on n'en ajoute que 14, la réaction finale se produit spontanément au bout de 5 à 10 minutes, sans addition de nouvelles quantités de réactif.

Il est donc permis de se demander si la composition du sang, la concentration de l'eau chlorée, la rapidité plus ou moins grande du dosage n'influent pas sur la nature des produits de décomposition, et par suite sur la quantité de chlore nécessaire pour arriver à la réaction finale.

Des expériences plus complètes et plus nombreuses sont nécessaires, pour qu'on puisse se prononcer d'une manière définitive sur la valeur de ce procédé.

J'ajouterai encore une remarque à propos d'une méthode de dosage que M. Quinquaud qualifie de directe, et qui consiste à extraire du sang l'hémoglobine cristallisée, à la sécher et à la peser. Ce procédé ne se trouve décrit nulle part. Ni Preyer, ni Hoppe-Seyler n'en font mention. Du reste, quel que soit le manuel opératoire, on peut affirmer que pour obtenir des cristaux purs, il faut se résigner à voir passer dans les eaux mères des cristallisations successives et dans les eaux de lavages, au moins les 7/10 de l'hémoglobine contenue dans le sang mis en traitement. On est obligé par conséquent de déterminer par un procédé optique la quantité considérable de matière colorante qui a échappé à la cristallisation, de sorte que la méthode cesse d'être directe et se confond avec le procédé optique employé.

CHAPITRE II

MÉTHODES COLORIMÉTRIQUES

Gᴇɴᴇ́ʀᴀʟɪᴛᴇ́s. — Les méthodes colorimétriques sont fondées sur ce principe vérifié par l'expérience, que si deux solutions examinées dans des conditions identiques d'épaisseur et d'éclairement, présentent la même intensité de coloration, leur richesse en matière colorante est la même. D'une manière plus générale, on peut dire que deux solutions qui, dans les mêmes conditions, présentent un même effet optique déterminé, contiennent des quantités égales de matière colorante.

L'œil ne peut percevoir de faibles différences dans les colorations, lorsque celles-ci sont intenses. Il faut donc, dans le cas particulier, étendre le sang dans des proportions connues. En second lieu, il faut distinguer, comme le fait remarquer M. Malassez, la *qualité de ton* et la *valeur de ton*. « Un rouge, par exemple, peut être plus ou moins violacé, plus ou moins orangé, c'est sa qualité de ton. Il peut être plus ou moins lumineux, tout aussi lumineux qu'un violet, c'est sa valeur de ton. Quand l'hémoglobine est oxygénée au maximum, elle a toujours la même qualité de ton ; sa valeur de ton seule varie alors avec la quantité ».

Certaines nécessités pratiques font que la couleur type employée dans les essais colorimétriques, a rarement la même nuance, la même qualité de ton que les solutions sanguines étendues qu'on lui compare. Cette circonstance constitue la principale difficulté des méthodes qui vont être exposées : car la comparaison entre deux surfaces colorées de qualité de ton différente est très difficile, et des erreurs notables et surtout très variables d'un observateur à l'autre, peuvent être commises dans ces conditions.

Ceci posé, il y a deux façons générales d'opérer. On peut étendre d'eau le sang à examiner, jusqu'à ce qu'on soit arrivé à une couleur type dont on a déterminé à l'avance la richesse en hémoglobine, ou à un effet optique donné auquel correspond une quantité connue de matière colorante. Dans cette catégorie rentrent les procédés de Hoppe-Seyler, de Worm-Müller, de Jolyet et Laffont, de Bizzozero, de Preyer et de Lesser. Ce sont les méthodes à *étalon fixe*.

On pourra, au contraire, étendre le sang d'un volume d'eau toujours le même, et approcher successivement la solution obtenue d'une série d'étalons colorés, jusqu'à ce qu'on en ait trouvé un dont la teinte lui soit identique. La valeur de chaque degré de l'échelle colorée étant connue, on pourra évaluer ainsi la quantité d'hémoglobine contenue dans le sang. Ce sont les méthodes à étalon variable.

Dans cette deuxième catégorie prendront place les procédés de Welcker, Hayem, Quincke, Mantegazza et Malassez.

§ I. — Méthodes à étalon coloré fixe.

1° Procédé de Hoppe-Seyler (1).

On commence par préparer de l'hémoglobine cristallisée au moyen du sang de chien, d'oie, ou mieux encore, de cheval. Le produit est purifié par des cristallisations successives et dissous dans l'eau. On prend 50 cent. cubes de cette solution concentrée normale, et on les évapore au bain-marie dans une capsule en porcelaine. Le résidu est desséché à 110° et pesé. On prélève ensuite 10 cent. cubes du reste de la solution (qui doit être soigneusement conservée à l'abri de l'air), et on y ajoute 10 à 60 cent. cubes d'eau ; on mélange intimement, et on considère cette liqueur comme solution normale.

On prend, d'autre part, 20 gr. de sang défibriné, et on y ajoute une quantité d'eau suffisante pour obtenir 400 cent. cubes de liquide. On prend alors deux petites cuves en verre à faces parallèles, enchassées dans un cadre métallique, et dont les faces sont distantes de 1 centimètre. On remplit la première cuve de la solution normale d'hémoglobine, et l'on verse dans la

---

(1) *Traité d'analyse chimique appliquée à la physiologie, etc.*, p. 437, par Hoppe-Seyler, traduit pa Schlagdenhauffen, Paris, 1877.

seconde 10 cent. cubes de la solution étendue de sang. On place les deux appareils l'un à côté de l'autre sur une feuille de papier blanc, et on regarde par transparence à travers les deux couches de liquide. La solution de sang étant beaucoup plus foncée, il faut, pour arriver à l'égalité de teinte, ajouter peu à peu de l'eau, à l'aide d'une burette, en agitant le mélange avec soin.

On peut recommencer l'opération en prenant 20 cent. cubes de la solution normale, additionnés de 10 cent. cubes d'eau.

Exemple : Dans une expérience faite avec du sang de chien, on a pris $20^{gr},1862$ de sang défibriné pour le diluer à 400 cent. cubes. On a ajouté 48 cent. cubes d'eau à 10 cent. cubes de cette liqueur, pour obtenir la teinte de la solution normale. La totalité de la liqueur, c'est-à-dire les 400 cent. cubes, exigeraient donc 1920 cent. cubes d'eau pour arriver à l'égalité de teinte ; or, 100 cent. cubes de solution normale renfermant $0^{gr},145$ d'hémoglobine, il s'en suit que 1920 cent. cubes d'une solution de sang, de même intensité colorante, en contiennent $2^{gr},224$. D'un autre côté, puisque les 1920 cent. cubes proviennent de $20^{gr},1862$ de sang, il s'en suit que ce sang défibriné renferme $13^{gr},79$ d'hémoglobine pour 100.

Cette méthode fournit des résultats assez exacts. Rajewski (1) a constaté que des déterminations successives, faites sur un même sang, diffèrent en moyenne d'environ $0^{gr},20$ d'hémoglobine pour 100 gr. de sang. L'écart maximum a été de $0^{gr},42$.

Malheureusement la solution normale de matière colorante ne se conserve pas pendant plus de huit jours ; sa préparation exige beaucoup de temps et ne peut se faire commodément qu'en hiver.

Rajewski (*loc. cit.*) a essayé de remédier à cet inconvénient en remplaçant la liqueur normale d'hémoglobine par une solution de picro-carminate d'ammoniaque beaucoup moins altérable. En faisant varier les proportions de carmin et d'acide picrique, on arrive, par tâtonnements, à un liquide ayant la même valeur de ton et la même nuance qu'une solution titrée d'hémoglobine. Il importe de faire toujours la comparaison des teintes dans les mêmes vases et sous des épaisseurs constantes.

---

(1) *Arch. de Pflüger*, t. XII, p. 73, 1875.

Rajewski a constaté, en effet, que les solutions d'hémoglobine et de picro-carminate ne subissent pas les mêmes variations de teinte sous l'influence des mêmes changements d'épaisseur. L'égalité obtenue dans de grands vases à précipités d'un demi-litre, n'existe plus quand les solutions sont comparées dans de petits hématinomètres.

Les chiffres obtenus par Rajewski dans une série de dosages comparatifs, montrent que la solution de picro-carminate peut parfaitement remplacer la liqueur normale d'hémoglobine. Mais il est nécessaire de la conserver dans des flacons bien bouchés et de l'additionner, de temps en temps, de quelques gouttes d'ammoniaque afin de prévenir la précipitation d'une partie du carmin. Malgré ces précautions, la solution s'altère au bout d'un certain temps ; sa couleur pâlit et tire vers le jaune, ce qui rend nécessaire un nouveau titrage à l'aide d'une liqueur normale d'hémoglobine.

Dans ces conditions, il est presque aussi simple de préparer, avec du sang de cheval, une notable quantité d'oxyhémoglobine pure que l'on dissou dans de l'eau. La solution préalablement titrée est répartie, d'après le conseil de Hoppe-Seyler, dans de petits ballonnets que l'on ferme à la lampe et dans lesquels la matière colorante soustraite à l'action de l'air se conserve très bien à l'état d'hémoglobine. On les ouvre successivement au moment des besoins, et le contenu de chacun d'eux peut servir à la confection de liqueurs normales pendant une huitaine de jours.

Malgré ces perfectionnements, le procédé de Hoppe-Seyler exige toujours de temps en temps, la préparation de liqueurs titrées d'hémoglobine. Il est donc d'une application peu commode même dans un laboratoire, et son emploi en clinique est tout à fait impossible.

2° *Procédé de Worm-Müller* (1).

Au lieu de décolorer une quantité déterminée de sang, en l'étendant progressivement d'eau, on colore une quantité connue d'eau (1/2 litre) en y ajoutant, petit à petit, le sang à examiner. La couleur type est celle d'un

---

(1) Voir Malassez, *Arch. de physiologie*, p. 1, 1877.

sang quelconque, qui est prise comme unité. La comparaison se fait dans des espèces de grands hématinomètres. La quantité de sang ajoutée est donnée par la diminution de poids subie par le vase qui contient le sang à examiner. Les erreurs ne dépasseraient pas 0,75 p. 100.

3° *Procédé de Jolyet et Laffont.*

MM. Jolyet et Laffont se servent du colorimètre de Duboscq (fig. II). Cet appareil se compose de deux godets à fond plat en glace. Un miroir incliné, M, éclaire le fond de ces cuves. Dans chacune d'elles descend un cylindre de verre plein, T, à bases parallèles et polies. En se plaçant au-dessus de ces cylindres et regardant suivant leur axe, on voit le liquide en couche d'autant plus mince et, par suite, d'autant moins colorée que le cylindre est plus enfoncé dans la cuve. Or, cet enfoncement se règle au moyen de vis micrométriques munies d'échelles et de verniers. Si les cuves contiennent des liquides de teintes différentes, il sera possible, en abaissant plus ou moins l'un des tubes, de les rendre égales et de lire, sur l'échelle, l'épaisseur de chaque liquide.

Pour faciliter la comparaison des deux surfaces colorées, l'image de chaque cuve est recueillie par un prisme, de telle sorte qu'en regardant dans un oculaire situé au-dessus des prismes, on voit les deux images sous forme de deux demi-cercles exactement contigus (fig. III). La moindre différence de teinte peut donc être appréciée et corrigée par un mouvement de la vis micrométrique.

Ce dispositif permet d'osciller autour de l'égalité de teinte et de recommencer, à plusieurs reprises, la comparaison des liquides colorés, sans qu'il soit nécessaire de prendre un nouvel échantillon du sang à analyser. De plus, MM. Jolyet et Laffont ont remplacé la solution type d'hémoglobine ou de picro-carminate, toujours altérable, par un verre coloré dont ils déterminent, une fois pour toutes, la valeur en hémoglobine. Mais cet appareil leur a surtout servi à déterminer la capacité respiratoire d'un sang, d'après son pouvoir colorant. Voici les expériences qui ont servi de point de départ.

« La capacité respiratoire d'un sang de chien obtenue à l'aide de la pompe à mercure est de 20^{cc},90. Examinée au colorimètre, une solution au

1/25 de ce sang doit être vue sous une épaisseur de 0^{cm},48 pour avoir la même valeur de ton que le verre étalon. On cherche ensuite à quelle épaisseur correspondrait une solution au même titre du sang d'un animal de même espèce pour avoir la même valeur [de ton que le verre étalon : soit 0^{cm},46, cette épaisseur.

» Admettons que le sang de chien est d'autant plus coloré que sa capacité respiratoire est plus grande. On sait, d'autre part, que la coloration des liquides examinés au colorimètre varie en raison inverse des épaisseurs sous lesquelles ces liquides sont vus. On a donc :

$$\frac{x}{20,91} = \frac{0,48}{0,46} \qquad x = 21,81$$

» Or la capacité respiratoire trouvée à la pompe à mercure est de 21,73. »

J'ai essayé de vérifier l'exactitude de cette méthode; mais je ne suis arrivé à des résultats convenables, qu'en faisant subir au manuel opératoire de MM. Jolyet et Laffont, quelques modifications de détails que je vais exposer. Il importe, d'ailleurs, dans l'emploi de cet appareil, d'observer rigoureusement certaines précautions, dont ces expérimentateurs ne semblent pas s'être préoccupés, et dont je vais essayer de faire comprendre l'importance capitale.

On peut faire usage, dans l'emploi du colorimètre Duboscq, de la lumière naturelle ou artificielle. Dans l'un et l'autre cas, une opération préliminaire indispensable consiste à mettre l'appareil *au point*. Pour cela, on l'oriente devant la source lumineuse, en le faisant tourner sur lui-même, de telle sorte que les images des deux cuves paraissent également éclairées. On peut procéder alors à l'examen comparatif des solutions colorées. Mais si l'on vide les cuves, et que l'on change la position de l'appareil ou du miroir M, on a beau remettre au point avec un soin extrême; en procédant à une nouvelle comparaison des mêmes liquides, on retrouve la plupart du temps des résultats notablement différents des premiers. Si l'on s'est servi de la lumière naturelle, il suffit, par exemple, que le soleil se cache brusquement, pour qu'il soit impossible de retrouver les mêmes conditions d'éclairement.

Avec une lumière artificielle, les résultats sont un peu plus exacts : mais le moindre déplacement de l'appareil assombrit immédiatement l'une des images, et fausse les résultats dans une proportion énorme. De plus, l'égalité de teinte obtenue pour un angle donné du miroir, n'existe plus pour un autre angle. Il faut donc de toute nécessité que les essais colorimétriques se fassent dans des conditions d'éclairement toujours identiques. Ce résultat peut être obtenu de la façon suivante.

On prend une caisse rectangulaire d'une longueur d'environ $0^m,60$, sur $0^m,25$ de largeur, et $0^m,10$ de profondeur. On installe le colorimètre dans l'un des angles de la caisse, et on l'y fixe solidement. A 10 centimètres en avant de l'appareil, on dispose verticalement une plaque de verre dépoli d'environ 20 centimètres de côté, et qui sert à tamiser et à diffuser la lumière d'une lampe à gaz également installée dans la caisse. En déplaçant légèrement la lampe, on finit par trouver une position à laquelle correspond un égal éclairement des deux cuves. La lampe, la plaque de verre dépoli, le miroir et le colorimètre sont alors soigneusement immobilisés, et leur position exactement déterminée à l'aide de repères faciles à imaginer. Grâce à ce dispositif, les conditions d'observation restent identiques, et les résultats successifs sont rigoureusement comparables. Des variations même notables dans l'intensité lumineuse de la source, sont sans influence sur les résultats.

Un deuxième point important est le choix du verre coloré qui doit remplacer la solution d'hémoglobine, et servir de type. J'ai essayé de me servir d'un verre à peu près semblable à celui de MM. Jolyet et Laffont, c'est-à-dire correspondant environ à une épaisseur de $0^{cm},50$ d'un sang de bœuf au 1/25. Mais les erreurs commises dans des comparaisons successives sont trop considérables. Les couleurs observées sont d'un rouge trop vif, pour que de faibles variations dans la valeur de ton puissent être saisies facilement. J'ai préféré choisir un étalon coloré correspondant à une épaisseur d'environ $0^{cm},40$ à $0^{cm},50$ d'un sang de bœuf défibriné, et dilué au 1/40.

Dans ces conditions, les surfaces colorées à observer sont d'un rouge pâle légèrement groseille ; la moindre variation d'épaisseur de la solution sanguine fait aussitôt apparaître soit une teinte rouge vif, soit la coloration jaune du sang examiné en couche mince.

Il est assez difficile de trouver un verre coloré ayant la même qualité de ton qu'une solution sanguine. Je suis arrivé, après quelques tâtonnements, à un résultat très satisfaisant, en associant un verre rouge jaunâtre et un verre groseille très pâle. Ces verres doivent être taillés en forme de petits disques et introduits dans l'un des godets. Dans ces conditions, on observe que la surface colorée qui correspond à la solution sanguine, a quelque chose de plus brillant que le verre échantillon. Cette différence de nuance rend la comparaison très difficile et surtout très variable, d'un observateur à l'autre. Mais on remédie facilement à cet inconvénient, en introduisant dans le godet qui contient l'étalon coloré, un peu d'eau dans laquelle on fait plonger le cylindre mobile T. De cette façon, les conditions de milieu sont les mêmes de part et d'autre, au point de vue de la réfraction de la lumière, et les deux surfaces qu'on doit comparer ont exactement la même nuance.

Si toutes ces précautions sont bien observées, mais seulement alors, des lectures successives faites avec un même échantillon de sang, diffèrent, au plus, de deux dixièmes de millimètre. En prenant la moyenne de cinq ou six observations, on arrive à un résultat qui est entaché d'une erreur maxima d'un dixième de millimètre. Les sangs de bœuf et de chien, dilués au 1/40, que j'ai observés, exigeaient une épaisseur moyenne d'environ $0^{cm},45$ pour que leur couleur fut identique à celle de l'étalon. Ce chiffre est entaché d'une erreur de $0^{cm},01$ correspondant à 4 gr. pour 100 gr. d'hémoglobine.

J'ai vérifié d'abord à l'aide de cet appareil, comme l'avaient fait MM. Jolyet et Laffont, que du pouvoir colorant du sang, on peut déduire sa capacité respiratoire. J'ai pris, d'une part, l'épaisseur au colorimètre, d'une série de sangs de bœuf défibrinés, 5 cent. cubes de chaque sang sont étendus avec de l'eau distillée à 200 cent. cubes, additionnés de quelques gouttes d'ammoniaque et filtrés. Le liquide parfaitement limpide est examiné au colorimètre, en prenant chaque fois la moyenne de cinq ou six lectures. D'autre part on prend, à l'aide du procédé de Schützenberger, la capacité respiratoire de chacun de ces sangs.

Soit e, e' les épaisseurs, au colorimètre, de deux sangs de bœuf, c, c' leurs capacités respiratoires, on doit avoir, d'après MM. Jolyet et Laffont :

$$\frac{e}{e'} = \frac{c'}{c} \quad \text{d'où} : \quad ec = e'c'.$$

Le produit de la capacité respiratoire par l'épaisseur au colorimètre, doit donc être constant. S'il en est ainsi, on aura :

$$c' = \frac{e.c.}{e'}$$

C'est à dire que la capacité respiratoire d'un sang quelconque pourra être obtenue, en divisant ce produit constant $e.c$, déterminé une fois pour toutes, par l'épaisseur observée au colorimètre.

Le tableau suivant montre que ces équations sont à peu près vérifiées par l'expérience. Une première colonne indique les épaisseurs colorimétriques observées ; une seconde, les capacités respiratoires correspondantes trouvées à l'hydrosulfite ; une troisième donne les produits des épaisseurs par les capacités respiratoires. La moyenne arithmétique de ces produits, divisée successivement par les épaisseurs colorimétriques, fournit les capacités respiratoires calculées dans la quatrième colonne ; enfin, une cinquième colonne indique les écarts qui existent entre les quantités d'oxygène trouvées directement et les quantités calculées.

Les épaisseurs colorimétriques sont exprimées en prenant pour unité le dixième de millimètre.

TABLEAU IV.

Epaisseurs au colorim.	Capacités resp.	Produits des épaiss. par les cap. resp.	Capac. resp. calculées.	Écarts.
36,5	25^{cc},50	930,75	25^{cc},72	+ 0,22
40	23 ,96	958,40	23 ,47	— 0,49
55	16 ,70	918,50	17 ,07	+ 0,37
41,5	22 ,37	928,35	22 ,62	+ 0,25
47	20 ,07	944.23	19 ,98	— 0,09
35	26 ,35	922,25	26 ,83	+ 0.48
40	23 ,79	951,60	23 ,47	— 0,32
42	22 ,23	933,66	22 ,35	+ 0,12
36	26 ,52	954,72	26 ,08	— 0,44
39,5	24 ,01	948,39	23 ,77	— 0,24
	MOYENNE.....	939,08		

J'ai répété les mêmes expériences en déterminant les capacités respiratoires à l'aide de la pompe à mercure. Les résultats obtenus sont consignés dans le tableau V.

TABLEAU V.

Epaisseurs au colorim.	Capac. respirat.	Produits des épaiss. par les cap. resp.	Capac. resp. calculées.	Écarts.
35	20,09	703,15	20,06	— 0,03
37	19,17	709,29	18,98	— 0,19
37	19,03	704,11	18,98	— 0,05
36,5	19,00	693,50	19,24	+ 0,24
40	17,75	710,00	17,56	— 0,19
55	13,09	7,19,95	12,17	— 0,32
41,5	16,80	697,20	16,92	+ 0,12
47	14,80	695,60	14,92	+ 0,12
39	17,75	692,25	18,01	+ 0,25
37	18,89	698,93	18,98	+ 0,09
	MOYENNE	702,39		

Ces expériences montrent que le colorimètre peut servir à déterminer, avec une exactitude suffisante, la capacité respiratoire d'un sang, à condition que la valeur du produit $e.c$ ait été préalablement établie par un nombre suffisant d'expériences. En effet, les écarts indiqués dans la dernière colonne des deux tableaux, rentrent dans les limites des erreurs que comportent les deux procédés de dosage de l'oxygène. En diluant le sang au 1/50, les épaisseurs colorimétriques observées sont plus fortes, et comme l'erreur absolue reste à peu près la même, les résultats sont plus exacts. C'est ce qu'il faut faire chaque fois qu'un sang, très riche en matière colorante, donne une épaisseur trop faible au colorimètre ; il est bien entendu qu'il faut tenir compte, dans le calcul du résultat, du degré de dilution que l'on aura adopté, puisque le produit constant *e.c* a été obtenu en partant d'une série de sangs au 1/40. Mais si on opère sur des liquides trop étendus et qui donnent au colorimètre une épaisseur supérieure à 70, le procédé perd toute son exactitude ; car, lorsqu'on fait manœuvrer le plongeur, les variations de teinte sont si lentes à se produire, que l'écart entre deux déterminations successives peut aller jusqu'à cinq ou six divisions.

Le produit *e.c* fixé pour le sang d'une même espèce animale, peut-il servir à déterminer, à l'aide du colorimètre, la capacité respiratoire d'un sang d'une espèce différente? On a vu (page 15) que l'identité des différentes hémoglobines, au point de vue optique, est infiniment probable. Des recherches toutes récentes et qui seront exposées dans le chapitre consacré à la méthode spectrophotométrique, viennent de trancher définitivement cette question. Je crois que les différences observées à ce sujet, par MM. Jolyet et Laffont (1) rentrent, pour la plupart, dans la limite des erreurs que comportent les essais colorimétriques ; voici, du reste, les résultats de quelques analyses dans lesquelles la capacité respiratoire de quatre sangs de chien a été calculée à l'aide de leur épaisseur colorimétrique et de la constante *e.c* établie pour du sang de bœuf.

Capacité respiratoire au colorimètre.	Capacité respiratoire à l'hydrosulfite.
$19^{cc},56$	$19^{cc},19$
18 ,78	19 ,02
22 ,92	22 , 1
23 ,47	23 , 0

On voit que les écarts sont, en général, inférieurs à l'erreur maxima de $0^{cc},60$ que comporte le procédé de dosage de Schützenberger.

---

(1) *Gazette médicale*, p. 349, 1877.

Le seul reproche qu'on puisse faire à cette méthode est le suivant. Il s'adresse d'ailleurs à tous les procédés colorimétriques. Le sang peut perdre sa capacité respiratoire tout en conservant sa puissance colorante. Saturé d'oxyde de carbone par exemple, il devient incapable de fixer l'oxygène, sans que rien n'avertisse, au colorimètre, de cette modification si profonde. Des altérations analogues se produisent sous des influences pathologiques. Ainsi M. Légerot a constaté, chez des chiens rendus septicémiques, que le poids des globules ne diminue que fort peu, mais qu'ils ont perdu leur pouvoir absorbant. Voici les résultats de quelques-unes de ses expériences :

	Poids des globules.	Capacité respirat.
Chien normal..	33,19	23,6
Le même septicémique.....	32,70	14,8
Chien normal............	43, 3	31,1
Le même septicémique.....	42, 7	20,2
Chien normal............	35, 6	18,0
Le même septicémique.....	33, 6	13,2

Les suppurations prolongées produisent un effet analogue, quoique moins prononcé. Sous l'influence d'inhalations de nitrite d'amyle, M. Regnard a vu la capacité respiratoire du sang d'un chien, tomber de 24 cent. cubes à $4^{cc},4$. L'effet n'est ici que passager; au bout de vingt-quatre heures, la capacité respiratoire était remontée à 16 cent. cubes.

Des expériences instituées par M. le professeur agrégé Garnier, m'ont permis de constater que l'intoxication par le chlorate de potasse s'accompagne d'une diminution rapide de la capacité respiratoire; le sang prend une couleur sœpia, due à la transformation de l'hémoglobine en méthémoglobine qui est incapable de fixer de l'oxygène. Quand la lésion hématique est prononcée, l'aspect du sang avertit qu'il y a décomposition de la matière colorante. Mais au début de l'intoxication, la couleur du sang n'est pas changée, et le colorimètre indique une capacité respiratoire normale, alors qu'un dosage direct montre que le pouvoir absorbant a déjà notablement diminué. Ces expériences peuvent être faites *in vitro* avec du sang défibriné auquel on ajoute de 1 à 4 p. 100 de chlorate de potasse en poudre. Du sang de bœuf additionné d'une petite quantité de ce sel, m'a donné au bout de quatre heures les résultats suivants :

Capacité respiratoire au colorimètre : $21^{cc},84$.
— à l'hydrosulfite : 16 ,86.

Au spectroscope, on constate la présence d'une bande d'absorption dans le rouge, due à de la méthémoglobine.

Ces expériences montrent donc qu'en général les procédés colorimétriques ne donnent pas la vraie valeur physiologique du sang, et qu'ils dosent, non pas l'hémoglobine, mais toute matière colorante rouge contenue dans ce liquide. On peut dire, d'une façon générale, que ces procédés renseignent sur les variations de quantité, tandis que la détermination de la capacité respiratoire indique les variations de qualité de la matière colorante.

J'ai fait également avec le colorimètre de Duboscq des dosages directs d'hémoglobine en fixant, une fois pour toutes, la valeur de l'étalon coloré.

On détermine avec soin l'épaisseur colorimétrique de quatre solutions titrées d'hémoglobine. Soient h et h' les quantités d'hémoglobine p. 100 contenues dans deux solutions, e et e', leurs épaisseurs colorimétriques. Comme les richesses en matière colorante sont en raison inverse des épaisseurs, on a :

$$\frac{h}{h'} = \frac{e'}{e}$$

D'où : $\qquad e.\, h = e'.\, h'$

Le produit des épaisseurs par les richesses en hémoglobine doit donc être constant. De plus, comme on a :

$$h' = \frac{e.\, h}{e'},$$

on obtiendra la richesse centésimale d'une solution en divisant par son épaisseur colorimétrique le produit constant $e.\ h$. Voici les résultats des déterminations qui ont servi à fixer la valeur de cette constante :

Origine de l'hémoglob.	Quantité d'hémogl. p. 100.	Epaisseur au colorim.	Produit des épaiss. par les richesses en hémoglobine.
—	—	—	—
Cheval.......	$0^{gr},4037$	30,4	12,272
Id.	0 ,3100	41,1	12,741
Id.	0 ,3299	36,5	12,041
Chien........	0 ,2915	41,3	12,039
		Moyenne.....	12,273

Un liquide, qui sous l'épaisseur e, aura la même teinte que l'échantillon, contiendra pour 100 cent. cubes, une quantité d'hémoglobine h égale à :

$$h = \frac{12,273}{e},$$

et comme j'ai toujours étendu au 1/40 les sangs à analyser, ce résultat est à multiplier par 40. Un sang qui, dilué au 1/40, présentera uné épaisseur colorimétrique e, contiendra donc pour 100 cent. cubes un poids d'hémoglobine égal à :

$$h = \frac{12,273 \times 40}{e} = \frac{490,92}{e}$$

Cette donnée obtenue, il s'agit de déterminer avec quel degré d'exactitude on peut apprécier à l'aide de cette constante, la richesse d'un sang en hémoglobine.

L'erreur commise dans la comparaison des teintes est, en général, assez faible. Un sang de vache dilué au 1/40 et porté au colorimètre donne, sur dix lectures successives, quatre fois le chiffre 50 et six fois le chiffre 49; ce qui fournit les quantités suivantes d'hémoglobine pour 100 cent. cubes de sang :

$$9^{gr},81 - 10^{gr},01.$$

L'erreur moyenne de chacun des dix résultats n'atteint pas 0^{gr},1 pour 100 cent. cubes de sang, ou 1^{gr},3 pour 100 gr. d'hémoglobine.

Les liquides examinés au colorimètre ne présentent pas toujours exactetement le même degré de limpidité. En outre, on commet toujours dans la mensuration des volumes de sang et d'eau, une erreur dont il était bon de connaître l'importance.

Pour cela on prépare une série de dilutions, de concentration croissante, obtenues en étendant chaque fois 5 cent. cubes du même sang, de quantités variables d'eau. Les liquides additionnés de quelques gouttes d'ammoniaque sont filtrés, et on détermine avec soin leur épaisseur colorimétrique, en prenant la moyenne de plusieurs lectures. Les résultats obtenus sont consignés dans le tableau suivant: la première colonne indique les degrés de dilution ; la deuxième, les épaisseurs observées, exprimées en dixièmes de millimètres; la troisième, les poids correspondants d'hémoglobine pour 100 cent. cubes de sang.

Degrés de dilution.	Épaisseurs au colorimètre.	Poids d'hémogl. pour 100 cent. cubes de sang.
$\frac{1}{20}$	18,7	13,12
$\frac{1}{25}$	23,7	12,94
$\frac{1}{30}$	28,6	12,87
$\frac{1}{35}$	33,6	12,78
$\frac{1}{40}$	38,6	12,71
$\frac{1}{40}$	38	12,91
$\frac{1}{40}$	39	12,58
$\frac{1}{40}$	39	12,58
$\frac{1}{40}$	38	12,91
$\frac{1}{45}$	43,4	12,72
$\frac{1}{50}$	48	12,78
$\frac{1}{55}$	54	12,41
$\frac{1}{60}$	60	12,74

MOYENNE..... 12,74

L'erreur moyenne de chaque résultat est de $0^{gr},23$ pour 100 cent. cubes de sang, ou de $1^{gr},81$ pour 100 gr. d'hémoglobine. On voit que ce sont les solutions de concentration moyenne qui ont donné les résultats les plus concordants.

On peut conclure de tous ces essais, que le procédé de dosage de l'hémoglobine au moyen du colorimètre Duboscq est d'une grande simplicité en même temps que d'une exactitude suffisante. La seule opération délicate est le choix du verre coloré et la détermination de sa valeur en oxygène ou en hémoglobine. Mais ce résultat une fois acquis, on a l'avantage considérable de posséder un étalon d'une constance absolue.

Ce procédé de dosage est-il applicable en clinique? L'appareil instrumental et le manuel opératoire sont fort simples, comme on l'a vu. Quelle est, d'autre part, la quantité de sang nécessaire? M. Quinquaud a exécuté en clinique, un nombre très considérable de dosage d'oxygène à l'aide du procédé de Schützenberger, qui en exige environ 2 à 3 cent. cubes. Ce volume serait amplement suffisant pour faire un dosage au colorimètre Duboscq avec toutes les conditions d'exactitude désirables. Il est bien évident que plus on réduit le volume de sang soumis à l'analyse, plus sont grandes les chances d'erreur. En réalité, il suffit d'avoir à sa disposition une quantité de sang telle que, diluée au 1/40, elle occupe, dans le godet du colorimètre, une épaisseur maxima de 1 cent. Il faudrait, dans ces conditions, environ $0^{cc},2$ de sang. Mais ce volume peut être réduit encore, en rétrécissant le godet dans lequel on introduit le liquide coloré, de telle façon que son diamère soit à peine supérieur à celui du plongeur. J'ai pu faire ainsi des dosages d'hémoglobine assez exacts en n'employant que $0^{cc},05$ de sang. La pipette capillaire qui sert à la mensuration du volume sanguin, doit être exactement jaugée à l'aide du mercure. Celle que j'employais mesurait $0^{cc},056$. A ce volume de sang, j'ajoutais chaque fois 3 cent. cubes d'eau contenant une trace d'ammoniaque. En faisant une série de dosages sur un même sang de bœuf, je suis arrivé aux résultats suivants :

$$9^{gr},09, — 8^{gr},61, — 8^{gr},76, — 9^{gr},26, — 9^{gr},09, — 8^{gr},92 \text{ p. } 100.$$

L'écart maximum a donc été de $0^{gr},65$.

Malgré la petite quantité de sang employée, le procédé resterait donc suffisamment exact. Mais en faisant des dosages sur le vivant, il est difficile de faire des prises de sang dans des conditions toujours identiques. Il y a là une cause d'erreur dont la plupart des observateurs ne semblent pas s'être préoccupés, et dont l'importance a été mise en lumière et démontrée par

Leichtenstern. En effet, la petite quantité de sang nécessaire s'obtient par une piqûre faite à la pulpe du doigt. La lymphe et les liquides qui imbibent les tissus, viennent certainement diluer la goutte de sang dans une proportion inconnue et variable. De plus, la forme de la piqûre ou son diamètre peuvent favoriser plus ou moins la sortie de la partie liquide du sang, vis-à-vis des éléments figurés. En me faisant une prise de sang à la pulpe des cinq doigts d'une main, j'ai trouvé les quantités d'hémoglobine suivantes :

$$12^{gr},74, — 12^{gr},42, — 12^{gr},55, — 12^{gr},27, — 12^{gr},25 \text{ p. } 100.$$

Je dois ajouter, cependant, qu'il est difficile d'obtenir, à l'aide d'une seule piqûre, $0^{cc},05$ de sang ; il en faut ordinairement deux, faites coup sur coup, l'une à côté de l'autre.

De toutes ces expériences, il ressort que le colorimètre Duboscq peut servir au dosage de l'hémoglobine, aussi bien en clinique qu'en physiologie. Les résultats qu'il fournit sont entachés d'une erreur moyenne d'environ $0^{gr},20$ à $0^{gr},30$ pour 100 cent. cubes de sang.

4° *Chromocytomètre de Bizzozero*.

Cet appareil (1) a été inventé en 1879. Comme son nom l'indique, il peut servir à la fois de chromomètre et de cytomètre ou globulimètre. Dans le premier cas, on compare à la lumière transmise la teinte d'une solution sanguine à celle d'un étalon coloré de nature particulière ; dans le second, on mesure le degré de transparence d'un liquide, dans lequel les globules sont simplement mis en suspension. D'après Bizzozero, ce degré de transparence peut servir à mesurer la richesse des globules en hémoglobine. Les indications chromométriques et cytométriques concordent ordinairement. Pour certains sangs pathologiques, au contraire, on observe des écarts, dont l'interprétation raisonnée fournit des renseignements précieux. Le principe du chromomètre ne prête à aucune objection. Celui du cyto-

____

(1) Je dois la traduction du mémoire de Bizzozero à l'obligeance de M. Micault, élève du service de santé militaire. Je le prie de recevoir ici tous mes remerciements.

mètre repose sur les considérations physiques suivantes, dont quelques-unes me semblent sujettes à caution.

« Les globules sanguins absorbent et dispersent les rayons lumineux en raison de l'hémoglobine qu'ils contiennent. Le stroma est absolument incolore. L'opacité du sang tient à une différence de l'indice de réfraction du sérum et des globules, et plus est grande la richesse de ceux-ci en matière colorante, plus est grande aussi cette différence d'indice, et l'opacité qui en résulte. On peut objecter que pour une même richesse en hémoglobine, l'opacité peut varier selon le volume des globules. Mais ceux-ci ont presque toujours le même diamètre, et, dans les cas de mycrocythémie, le nombre des petits globules est relativement faible. »

On voit que Bizzozero a appliqué le principe du lactoscope de Donné au dosage des éléments figurés du sang. Mais il me semble qu'il n'a pas tenu compte de ce fait important que deux facteurs concourent à produire l'opacité de ce liquide, à savoir le nombre des éléments figurés, et leur densité. On peut négliger, comme le fait Bizzozero, les différences de volume des globules, dont le diamètre ne varie en effet que dans des limites très restreintes.

Dans le lait, l'opacité est due à une seule substance, le corps gras émulsionné. Si l'on admet que les corpuscules graisseux ont toujours à peu près le même volume, l'opacité variera avec le nombre des globules en suspension, et pourra servir à mesurer la richesse en corps gras.

Un raisonnement analogue peut-il s'appliquer en toute rigueur au sang ? Je ne le crois pas. Que le stroma globulaire soit transparent ou non, ceci importe peu. Il suffit qu'il existe dans le sang sous forme d'un élément figuré ayant une densité différente de celle du plasma, pour qu'on puisse affirmer qu'il contribue à l'opacité. Le corpuscule graisseux est transparent et brillant au microscope; il n'en produit pas moins l'opacité du lait. Rollet fait remarquer très justement que si l'on supprime par la pensée la matière colorante des globules, il reste un liquide qui aurait évidemment l'apparence du lait. Cependant on peut admettre que les variations de composition du stroma globulaire exercent peu d'influence sur l'opacité du sang. L'hémoglobine, qui forme les 9/10 du poids du globule sec, a certainement une influence prépondérante.

On reste donc en présence de deux facteurs principaux de l'opacité, le nombre des globules, et leur richesse en hémoglobine. Il semble bien établi à l'heure qu'il est, qu'à une même richesse en hémoglobine peuvent correspondre des nombres différents de globules, et que, notamment dans certains cas d'anémie, le chiffre normal des globules se maintient, alors que leur richesse en hémoglobine a considérablement diminué. Il est probable que le nombre des éléments figurés influe beaucoup plus sur l'opacité, que leur richesse en matière colorante, si bien que dans les formes d'anémie qu'on vient de citer, le sang ne serait peut-être pas loin de présenter une opacité normale.

Ces restrictions faites, voyons comment est construit l'appareil de Bizzozero. C'est un lactoscope de Donné, de très petites dimensions. L'écartement des deux glaces, c'est-à-dire l'épaisseur de la couche sanguine, peut être appréciée à 1/50 de millim. près.

Si l'instrument doit servir de *cytomètre*, on opère de la façon suivante : 1° On mesure, à l'aide d'une petite pipette, 0,^{cc}5 d'une solution de chlorure de sodium à 0^{gr},75 p. 100 qui doit servir à diluer le sang, tout en prévenant la dissolution des globules. 2° Ce liquide est intimement mélangé à 10 millimètres cubes de sang obtenus à l'aide d'une piqûre, et introduit dans l'appareil. On se place dans une chambre noire, et regardant à travers l'instrument la flamme d'une bougie, on fait varier l'épaisseur de la couche sanguine jusqu'à ce que « les trois quarts supérieurs de la flamme apparaissent nettement. » Si l'on augmente légèrement l'épaisseur du liquide, elle doit prendre aussitôt des contours fumeux. Ces effets sont très nets ; deux essais successifs présentent un écart maximum de 1,7 p. 100 d'hémoglobine.

En faisant un certain nombre de dosages sur des individus bien portants âgés de 20 à 40 ans, Bizzozero a trouvé qu'à l'état physiologique, le sang marque en moyenne 110 au cytomètre. Si l'on pose ce chiffre égal à 100 d'hémoglobine, on peut calculer, à l'aide d'une série de proportions, les quantités relatives de matière colorante auxquelles correspondent les autres degrés de l'instrument. On obtient ainsi une table indiquant vis-à-vis de chaque degré cytométrique, les richesses relatives en hémoglobine.

L'auteur montre ensuite, par une longue série d'expériences, que les résultats sont indépendants, du moins dans une certaine mesure, des variations

d'intensité de la source lumineuse et de plusieurs autres conditions expérimentales dans le détail desquelles je ne puis entrer.

Lorsque l'instrument sert de *chromomètre,* on étend 10 millim. cubes
de sang d'un demi cent. cube d'eau distillée ; on introduit le liquide dans
l'appareil et on fait varier l'épaisseur de la solution jusqu'à ce que sa teinte
soit identique à celle d'un échantillon coloré qui peut s'adapter latéralement
à l'appareil. Cet étalon s'obtient de la façon suivante : On ajoute à 4 cent.
cubes d'eau légèrement alcaline $0^{cc},4$ de sang de lapin. D'autre part on prépare au bain-marie, une solution très étendue de gélatine de Paris, on en
ajoute 2 cent. cubes à la solution sanguine, et on étend 20 millim. cubes de ce
mélange sur une plaque de microscope. Au bout de quelques instants la gélatine s'est prise en masse, et lorsque toute l'eau s'est évaporée, il reste une
couche colorée à peu près uniforme, que l'on recouvre d'une goutte de ver-
nis Damar, puis d'une lamelle de microscope. Lorsque la gélatine est encore humide, on aperçoit au spectroscope les deux bandes de l'oxyhémoglobine. Ces phénomènes persistent malgré la dessication, et Bizzozero a
conservé ainsi pendant cinq à six mois un semblable échantillon sans pouvoir constater d'altération.

Ce résultat est en contradiction complète avec les expériences de Hoppe-
Seyler citées dans la première partie de ce travail. On y a vu que l'oxyhémoglobine est une substance éminemment altérable, et qu'elle ne se conserve qu'à la condition d'être transformée par réduction en hémoglobine. Un
échantillon de sang ou de matière colorante pure ne peut servir de couleur
type, que si on le soustrait absolument à l'action de l'air. Dans ces conditions,
les matières organiques consomment rapidement l'oxygène du milieu et
transforment l'oxyhémoglobine altérable en hémoglobine imputrescible. Mais
cette modification chimique s'accompagne d'un changement notable de la
qualité de couleur, qui rend absolument impossible la comparaison de la solution réduite avec un échantillon de sang. J'ai préparé une certaine quantité
de la gelée colorée dont s'est servi Bizzozero. J'ai essayé de la conserver
dans de petites cellules de micrographie ; mais la masse d'abord brillante et
transparente s'opacifiait de la circonférence au centre au bout de deux ou trois
jours. Je constatais en même temps, au spectroscope, l'apparition d'une forte
bande de méthémoglobine. En introduisant le liquide encore tiède dans de

petits tubes que j'étirais ensuite à la lampe, j'ai obtenu les résultats les plus variables et les plus inattendus. La masse gélatineuse qui se forme aussitôt, conserve pendant plusieurs semaines une limpidité parfaite ; à l'heure qu'il est, un mois après la préparation, plusieurs de ces tubes présentent encore au spectroscope les deux bandes de l'oxyhémoglobine sans aucune altération. D'autres, au contraire, se sont réduits, ont pris une teinte veineuse et ne contiennent plus que de l'hémoglobine ; pour d'autres, enfin, la transformation en hémoglobine a été précédée de l'apparition d'une bande de méthémoglobine. Ceux dont je cassais la pointe ne tardaient pas à présenter dans le rouge la bande caractéristique de ce produit d'altération, et leur limpidité allait en diminuant. Ces phénomènes auraient besoin d'être étudiés de plus près ; néanmoins je persiste à croire que pour préserver de toute altération un échantillon de sang ou d'oxyhémoglobine, il faut assurer une transformation rapide de la matière colorante en hémoglobine en la préservant absolument du contact de l'air. Mais alors la qualité de ton est à tel point modifiée que la comparaison avec du sang dilué devient tout à fait impossible ; si au contraire on permet l'accès de l'air, l'oxyhémoglobine s'altère inévitablement.

La couleur étalon de Bizzozero ne présente donc pas les conditions de stabilité nécessaires ; de plus, selon le mode de préparation, la nature et la composition du sang employé, la valeur colorimétrique de l'échantillon varie forcément d'un observateur à l'autre. Il est vrai que chaque appareil doit être gradué en se servant du sang « normal. » Ce point de départ est-il suffisamment constant ? Tout porte à croire qu'il n'en est rien.

Il en résulte que les indications du chromomètre de Bizzozero ne sont pas comparables aux chiffres fournis par d'autres procédés, qu'elles n'expriment que des richesses relatives en hémoglobine et que les résultats obtenus peuvent varier d'un appareil à l'autre, selon la composition du sang « normal » qui aura servi à la graduation.

Des restrictions analogues peuvent être faites à propos du cytomètre. On a vu que lé principe sur lequel il repose ne peut être accepté sans réserves. De plus, le phénomène optique, qui sert de point d'arrêt, sera-t-il apprécié de la même façon par deux observateurs différents ? Il y a là, évidemment, une source d'erreurs dont l'importance doit être prépondérante.

Néanmoins, le double appareil de Bizzozero peut fournir des résultats intéressants. Dans quelques cas pathologiques, leucocythémie, lipémie, le chromomètre donne des chiffres plus élevés que ceux du cytomètre. En effet, les corpuscules graisseux et les globules blancs diminuent la transparence de la solution aqueuse et la font paraître plus foncée. Mais si l'on ajoute au liquide une gouttelette de potasse, les deux appareils fournissent aussitôt des indications concordantes.

5° Procédé spectroscopique de Preyer.

Preyer a imaginé, pour le dosage de l'hémoglobine, une méthode physique fondée sur la comparaison du pouvoir absorbant d'une solution sanguine et d'une liqueur titrée d'hémoglobine. Le manuel opératoire exige, outre le spectroscope, l'emploi d'une burette divisée en 1/100 de cent. cubes, d'une cuve hématinométrique à faces parallèles, distantes de $0^m,01$ et d'une source lumineuse constante.

On commence par soumettre à l'appareil spectral une solution d'hémoglobine pure. On la prépare de manière à laisser apparaître aux environs de la raie b, une bande verte, qui disparaît par la concentration, s'élargit, au contraire, par la dilution. On évapore 100 cent. cubes de cette liqueur normale, et l'on y détermine la quantité d'hémoglobine. Preyer avait fixé ainsi le titre de sa solution normale à $0^{gr},8$ pour 100. A partir de ce moment, on maintient constantes toutes les conditions de l'expérience, à savoir la largeur de la fente, l'épaisseur de la couche colorée, la distance de la source lumineuse et, autant que possible, son intensité. On introduit, dans l'hématinomètre, $0^{cc},5$ de sang défibriné, puis on ajoute lentement de l'eau à l'aide de la burette, en ayant soin d'agiter constamment le liquide. On s'arrête lorsqu'on constate l'apparition de la première trace de vert.

Soit h la quantité d'hémoglobine contenue dans 100 cent. cubes de liqueur normale, e la quantité d'eau ajoutée, s le volume du liquide sanguin. On aura la richesse en hémoglobine de 100 cent. cubes de sang, au moyen de l'équation suivante :

$$x = \frac{h\,(e + s)}{s}$$

Le procédé que je viens d'exposer présente ce grave inconvénient, qu'il est impossible d'osciller autour de l'effet optique qu'il faut atteindre. Une fois qu'on a dépassé le but, il faut recommencer l'expérience avec un nouvel échantillon de sang. On remédie à cet inconvénient en faisant varier, non pas la concentration du liquide sanguin, mais son épaisseur. On peut se servir, à cet effet, d'un prisme creux dans lequel on introduit le liquide coloré et qui se meut devant la fente du spectroscope, sur une échelle graduée. C'est ainsi qu'ont opéré Quincke et Rajewski.

Je me suis servi, dans mes expériences, d'un lactoscope de Donné. L'écartement des deux glaces était apprécié au moyen d'une graduation munie d'un vernier donnant le 1/10 de millimètre. On note l'apparition et la disparition du vert et on prend la moyenne des épaisseurs observées. J'ai constaté d'abord qu'on peut faire varier notablement l'épaisseur du liquide sanguin sans observer de changements sensibles dans les phénomènes spectroscopiques. En notant chaque fois l'apparition et la disparition du vert, dans une série d'essais exécutés sur une même dilution au 1/10 d'un sang de bœuf, je suis arrivé aux résultats suivants : Les épaisseurs observées sont exprimées en dixièmes de millimètres ; la largeur de la fente était de $0^{mm},2$, enfin la lampe à pétrole, qui servait de source lumineuse, était placée à 15 cent. de distance :

Apparition du vert 62	—62	—69	—63	—64	—63	—60
Disparition...... 71	—67	—60	—68	—70	—72	—65
Moyennes.... 66,5	—64,5	—64,5	—65,5	—67	—67,5	—62,5
Hémogl. p. 100^{cc}. 12,06	—12,44	—12,44	—12,24	—11,97	—11,88	—12,83

L'erreur moyenne de chaque résultat est de $0^{gr},30$ pour 100 cent. cubes de sang. L'erreur d'observation est donc à elle seule assez forte. De plus, en répétant ces essais avec le même sang à quelques heures de distance, j'ai trouvé des résultats notablement différents. L'épaisseur moyenne était montée à 70, ce qui correspond à $11^{gr},47$ d'hémoglobine pour 100 cent. cubes de sang.

J'ai attribué d'abord ces variations à des oscillations dans l'intensité lumineuse de la source ; mais j'ai reconnu bien vite que des changements même notables dans la hauteur de la flamme, n'avaient qu'une influence tout à fait secondaire sur les épaisseurs observées. La source de l'erreur est dans une appréciation, à chaque instant différente, du phénomène optique cherché. Je me suis servi, dans ces expériences, du spectroscope de Vierordt (1). Je pouvais donc isoler d'avance, à l'aide des écrans mobiles, la bande spectrale dans laquelle devait se produire l'apparition du vert. Même en prenant ces précautions, les résultats varient notablement avec les conditions physiologiques dans lesquelles se trouve l'œil de l'observateur.

J'ai néanmoins tenu à poursuivre ces expériences : Voici comment les résultats observés peuvent être transformés en poids absolus d'hémoglobine. L'expérience démontre que les épaisseurs pour lesquelles on obtient au spectroscope un même effet optique donné, sont en raison inverse des richesses en hémoglobine. Le produit de l'épaisseur au spectroscope par la concentration de la solution est donc constant lorsque les conditions expérimentales sont maintenues identiques. J'ai examiné au spectroscope deux solutions titrées d'hémoglobine. Voici les résultats obtenus :

Origine de l'hémogl.	Poids d'hémogl. pour 100cc de sol.	Épaisseurs au spectrosc.	Produits des épaiss. par les poids d'hém.
Cheval.	0gr,9897	79	78,276
Chien.	0 ,8745	74	82,203
		Moyenne.....	80,239

Donc, si un liquide sanguin laisse apparaître du vert sous une épaisseur e, il contiendra pour 100 cent. cubes, une quantité d'hémoglobine égale à :

$$h = \frac{80,239}{e}$$

Comme dans mes expériences le sang a été dilué au 1/10, la quantité d'hémoglobine pour 100 cent. cubes de sang sera :

$$h = \frac{802,39}{e}$$

(1) Voir chap. III.

A l'aide de cette donnée, j'ai exécuté sur un même sang de bœuf défibriné, une série de dosage en préparant des dilutions de concentration décroissante. Le tableau suivant indique dans la première colonne les degrés de dilution; dans la seconde, les épaisseurs observées; dans la troisième, les quantités correspondantes d'hémoglobine.

Degrés de dilution.	Épaisseurs au spectroscope.	Hémogl. pour 100 cent. cubes de sang.
$\frac{1}{10}$	65	12,34
$\frac{1}{10}$	67	11,97
$\frac{1}{10}$	64	12,53
$\frac{1}{10}$	65	12,34
$\frac{1}{10}$	66	12,15
$\frac{1}{11}$	76	11,60
$\frac{1}{12}$	80	12,03
$\frac{1}{15}$	110	11,13
$\frac{1}{20}$	144	11,14
$\frac{1}{25}$	170	11,79
$\frac{1}{30}$	200	12,03
	Moyenne.....	11,91

L'erreur moyenne de chaque résultat est de 0^{gr},46 pour 100 gr. de sang, et de 2^{gr},6 pour 100 gr. d'hémoglobine.

13

Ces expériences montrent d'abord que ce sont les dilutions les plus concentrées qui donnent les résultats les plus concordants. En effet, lorsqu'une petite variation d'épaisseur produit des changements notables dans les phénomènes spectroscopiques, l'apparition du vert est plus brusque et peut être perçue plus facilement. Mais l'erreur n'en reste pas moins considérable. Les essais faits coup sur coup sont assez concordants ; mais si on recommence l'analyse 24 heures après, on trouve souvent les résultats les plus discordants ; et cependant le colorimètre Duboscq donne exactement les mêmes chiffres que la veille, ce qui prouve que les écarts observés ne proviennent pas d'une décomposition de la matière colorante.

Le principal reproche que l'on peut donc faire à ce procédé est l'impossibilité de maintenir constantes les conditions matérielles et surtout physiologiques du dosage. M. Ritter a proposé de remplacer la lampe à pétrole, par une flamme monochromatique et de choisir comme point d'arrêt l'apparition de la raie du sodium. Les phénomènes spectroscopiques sont plus nets en effet, mais les mêmes variations subsistent d'une série d'expériences à l'autre.

6° *Procédé de Lesser*.

Il est fondé sur la relation qui existe entre la concentration d'une solution sanguine et la largeur des bandes d'absorption de l'oxyhémoglobine. Plus la solution est concentrée et plus le bord gauche de la première bande se rapproche de la raie D.

Ce procédé exige : 1° une source lumineuse d'intensité constante éclairant directement la fente et un hématinomètre contenant la solution à analyser ; 2° une deuxième source d'intensité égale à la première, disposée latéralement, et dont les rayons pénètrent dans le collimateur, grâce à un prisme à réflexion totale. Entre cette deuxième source et le prisme, on dispose un second hématinomètre contenant une solution titrée d'hémoglobine ou une dilution sanguine servant de type. On obtient ainsi deux spectres superposés dont l'un correspond à la solution titrée, et l'autre à l'échantillon à analyser. La comparaison se fait de la façon suivante. On étend d'eau la solution à analyser jusqu'à ce que les bandes d'absorption aient la même largeur dans les deux spectres.

Cette méthode ne peut pas servir à des recherches exactes. Les bords des bandes d'absorption sont confus et leurs limites ne peuvent être déterminées qu'approximativement. De plus, il est très difficile d'avoir deux sources lumineuses d'intensité égale.

§ II. — Méthodes à étalon variable.

1° *Procédé de Welcker.*

Ce procédé (1) consiste : 1° à faire une solution en proportion déterminée du sang à examiner ; 2° à comparer la couleur de cette solution à celle d'une série de solutions sanguines plus ou moins diluées, préparées d'avance.

Ces solutions sont faites avec un sang de richesse globulaire connue, qui sert de type, et les proportions sont telles qu'elles forment une série identique à celle que donneraient des solutions faites toutes au même titre, mais avec des sangs ayant un nombre graduellement décroissant de globules semblables à ceux du sang type. Chaque solution se trouve donc correspondre à une richesse globulaire donnée, et sa couleur peut être représentée par cette richesse globulaire.

Si par exemple le sang à examiner, convenablement dilué, correspond à la solution 3 millions, cela signifie que le pouvoir colorant d'un millim. cube de ce sang est égal à celui de trois millions de globules du sang type. En somme, Welcker prend comme unité de couleur celle d'un sang type. Cette méthode serait très exacte d'après lui, mais elle est rendue d'une application difficile par suite de l'altérabilité des solutions sanguines qui composent l'échelle.

C'est pour tourner cette difficulté, que Welcker a substitué à l'échelle li-

---

(1) La description de ce procédé est empruntée à **M. Malassez,** *Arch. de physiol.*, 1877.

quide, son échelle à taches de sang. Ce procédé consiste à remplacer les solutions sanguines par les taches que laissent après elles ces solutions en se desséchant. On conçoit, en effet, que si le titre et le volume des solutions employées est constant, et si la surface sur laquelle elles sont répandues est de même dimension et de même nature, les variations que présenteront les taches seront uniquement dues aux pouvoirs colorants.

Les solutions types recommandées doivent être plus concentrées que celles employées dans la méthode précédente, afin que les taches soient suffisamment teintées. Les titres recommandés par Welcker sont pour 1 cent. cube d'un sang de richesse globulaire moyenne, 8, 9, 10, 11, 12, 13, 14, 16, 18 et 20 cent. cubes d'eau distillée.

On prend 10 millim. cubes de chacune des solutions à l'aide d'un tube capillaire exactement cubé, et on les dépose sur du papier blanc bien collé, dans des cercles tracés d'avance au crayon, et ayant tous 20 millim. de diamètre. Puis, avec la pointe d'une aiguille, on étale rapidement le liquide jusqu'à la circonférence du cercle, et on le laisse se dessécher. Une table indique à combien de globules du sang type correspond chaque degré de l'échelle.

Pour examiner un sang quelconque, on fait des solutions soit 1/10, soit au 1/20, soit au 1/30. Les taches sont faites identiquement de la même manière que celles de l'échelle. Lorsqu'elles sont desséchées, on cherche dans cette dernière la teinte qui se rapproche le plus de celle qu'a donnée le sang à analyser.

D'après Welcker, cette méthode serait très exacte; les plus grandes divergences qui peuvent se produire entre les divers observateurs comparant les mêmes taches n'iraient jamais au-delà de 2 à 3 p. 100; affirmation qui aurait été vérifiée par plusieurs auteurs. Welcker s'est assuré d'autre part de la fixité des couleurs des taches sanguines, en comparant des échelles à des taches faites à des époques éloignées, à des taches faites à l'aquarelle. Au bout de plusieurs mois, il n'a observé d'altérations que dans les teintes les plus foncées; encore n'était-ce que la qualité de ton qui avait changé.

On voit que dans ces deux procédés, Welcker choisit comme unité de couleur le globule sanguin, et que le pouvoir colorant d'un sang est représenté par un nombre plus ou moins considérable de ces globules types; or, le sang qui lui servait de type, n'a pas été analysé chimiquement. Il en résulte que l'on reste sans renseignements sur la valeur réelle de son unité colorimétrique, et que les résultats obtenus par Welcker ne peuvent être rattachés à ceux obtenus par d'autres procédés.

J'ajouterai, à propos de l'échelle liquide de Welcker, que la conservation d'un sang type est chose très facile; il suffit de l'abandonner à la putréfaction dans un flacon bien bouché. J'ai conservé ainsi pendant trois mois, d'avril à juillet, du sang de bœuf dans un flacon d'un litre, rempli aux trois quarts et simplement bouché au liège. Ce sang comparé de temps en temps au verre étalon de l'appareil Duboscq a donné constamment la même épaisseur colorimétrique. Il suffit de ne pas renouveler trop souvent les contacts du liquide avec l'air, et de prendre les échantillons de sang dans les parties déclives après avoir doucement remué.

2° *Échelle peinte de M. Hayem.*

La méthode des taches colorées de M. Welcker a été remise en honneur par M. Hayem, qui s'en est servi pour faire un grand nombre de travaux sur le sang. Voici, d'après l'auteur lui-même, la description du procédé. L'appareil dont il se sert se compose essentiellement d'une double cellule en verre et d'une échelle de teintes coloriées.

« La double cellule est formée par deux anneaux de verre de même diamètre à surface extérieure dépolie et collés côte à côte sur une lame de verre. Ils ont été usés au niveau des points tangents, de façon à former deux petits réservoirs parfaitement semblables, séparés l'un de l'autre par une mince cloison. Chacun de ces petits réservoirs peut contenir un peu plus de 500 millimètres cubes d'eau. »

« Les deux petites cuvettes étant remplies, l'une d'une solution de sang à essayer, l'autre d'eau pure, on fait passer successivement au-dessous de cette dernière, des rondelles de papier convenablement coloriées, et de plus en plus foncées. Il arrivera un moment où, vue à travers la couche liquide, une de ces rondelles produira une coloration équivalente à celle de la solution sanguine. Chacune des teintes coloriées représentant une solution de sang titrée, dès qu'on a trouvé la rondelle qui correspond le mieux au mélange, le dosage de l'hémoglobine est achevé. »

« Après m'être assuré que chez l'homme adulte et sain, la quantité de matière colorante contenue dans le sang est proportionnelle au nombre des globules, j'ai pris comme étalon le globule rouge du sang humain. Pour exécuter l'échelle des teintes coloriées, j'ai fait des solutions en proportions variables d'un sang dont je connaissais le contenu en globules, et j'ai fait choix de teintes représentant d'une manière précise chacune de ces dilutions. Ces teintes sont faites à l'aquarelle. Dans l'échelle dressée pour l'emploi de la cuvette double, les teintes ont les valeurs suivantes :

$$
\begin{array}{lll}
\text{Teinte n° 1} \ldots \ldots & 8,640,000 \text{ globules sains,} & \\
\quad\text{—} \quad 2 \ldots \ldots & 9,730,000 & \text{—} \\
\quad\text{—} \quad 3 \ldots \ldots & 10,811,000 & \text{—} \\
\quad\text{—} \quad 4 \ldots \ldots & 11,892,000 & \text{—} \quad\quad \text{etc.}
\end{array}
$$

« Ces chiffres signifient que toute solution sanguine correspondant à la teinte n° 1, contiendra une quantité d'hémoglobine égale à celle qui serait fournie par 8,649,000 globules sains.

Voici comment on procède : On met dans chaque cuvette 500 millimètres cubes d'eau ; dans l'une on ajoute une certaine quantité de sang à examiner, 6 millimètres cubes par exemple. On opère le mélange, puis on cherche la teinte coloriée dont la couleur correspond le mieux à celle du liquide sanguin. Supposons qu'on ait obtenu la teinte n° 4. Cette dernière représentant une dilution faite avec 11,892,000 globules sains, la richesse globulaire du sang analysé sera par millimètre cube de :

$$
\frac{11,892,000}{6} = 1,982,000
$$

La numération directe vient compléter ordinairement le dosage de l'hémoglobine des globules. Admettons que dans l'exemple précédent cette numération ait fourni le chiffre 4,774,000 globules, on devra donc conclure que 4,774,000 globules du sang analysé renferment autant d'hémoglobine que 1,982,000 globules sains.

La seule précaution à observer dans ce dosage est le choix d'un éclairage convenable. Il faut, en se tournant du côté du nord ou de l'est, choisir un jour venant d'en haut, de telle façon que la table de travail soit dans la pénombre

M. Hayem a en outre remarqué que la couleur de l'hémoglobine varie avec l'état de l'atmosphère. Pour obvier à cet inconvénient, il a fabriqué deux échelles, dont l'une doit servir lorsque la lumière diffuse est très intense, et l'autre, toutes les fois que le ciel est gris et couvert.

Je n'ai pas eu cet appareil à ma disposition, mais il me semble premièrement que le point de départ de sa graduation est sujet à caution. Il eût été facile, pour construire cette échelle, de s'appuyer sur une détermination sujette à moins de causes d'erreur, qu'une numération de globules. Deux ou trois dosages de fer ou d'oxygène exécutés sur le sang type, auraient fourni un point de départ inspirant plus de confiance.

En second lieu, il n'est pas démontré que le globule sanguin soit une unité d'une puissance colorante constante. Les recherches entreprises jusqu'ici, dans le but de comparer la richesse globulaire d'un sang à sa teneur en hémoglobine, sont encore trop incomplètes pour qu'on puisse admettre qu'il existe toujours, à l'état normal, un rapport constant entre la puissance colorante du sang et le nombre des globules qu'il contient. L'unité choisie par M. Hayem, le globule physiologique, n'est donc pas quelque chose de fixe, et les résultats fournis par son appareil, n'expriment que des puissances colorantes relatives, et sont difficilement comparables aux chiffres obtenus par d'autres procédés.

Mais, admettons un instant que le globule physiologique soit une unité constante, que tout observateur pourra retrouver aisément. Je ne trouve pas dans le mémoire de M. Hayem, de dosages destinés à vérifier l'échelle coloriée. J'y ai cherché en vain des expériences portant sur des adultes sains, chez lesquels on aurait compté le nombre des globules directement par la numération, et indirectement, par comparaison, avec les teintes de l'échelle. M. Hayem dit bien que des examens comparatifs sur du sang normal, donnent, d'un individu à l'autre, des différences qui ne dépassent pas la moyenne des erreurs. La numération directe des globules a-t-elle été faite en même temps, et quels résultats fournissait-elle ? Le vrai contrôle de l'appareil n'est possible que de cette façon.

Quoi qu'il en soit, les dosages faits à l'aide de ce procédé, n'en restent pas moins comparables entre eux. Avec quelles limites d'erreur ? Une erreur qui ne dépassera jamais, dit M. Hayem, l'écart entre deux teintes consécutives, c'est-à-dire de 5 à 11 p. 100 de la quantité d'hémoglobine à doser. M. Regnard, qui a fait une étude critique de l'appareil, s'exprime ainsi qu'il suit à ce sujet : « Mais admettons que le coloriage de l'échelle soit parfait; alors c'est l'observateur qui commence à se tromper. L'erreur n'est pas bien difficile, puisqu'il suffit, M. Hayem le dit lui-même, que le ciel soit clair ou sombre, pour que les résultats obtenus avec un même sang soient dissemblables. Et cela, au point qu'on a deux échelles coloriées, l'une pour les temps clairs, l'autre pour les temps couverts. A quel moment prendra-t-on l'une ou l'autre ; où finit un ciel clair, où commence un ciel sombre » ?

J'ajouterai, en dernier lieu, qu'il y a une cause d'erreur dont M. Hayem ne semble pas s'être préoccupé : c'est celle qui résulte forcément de la mensuration de quantités de liquides aussi minimes. On peut dire *a priori,* que cette erreur est certainement de beaucoup la plus importante.

Il me semble donc que l'appareil de M. Hayem présente ce double inconvénient : 1º le point de départ de sa graduation est incertain ; 2º les résultats qu'il fournit sont probablement entachés d'erreurs considérables, très variables d'un observateur à l'autre, et dont la limite maxima reste à déterminer.

3º *Hémochromomètre de Quincke.*

Dans cet appareil, l'échelle de teintes auxquelles on compare le liquide sanguin, est formée par une série de tubes fermés à la lampe et contenant des solutions de picro-carminate de concentrations décroissantes. Ces tubes, au nombre de vingt, sont appliqués sur une fenêtre rectangulaire découpée dans un carton. La solution sanguine est reçue dans un petit tube semblable aux précédents et fixé également sur une fenêtre découpée dans un carton. Ce deuxième carton peut s'appliquer sur le premier, et sa fenêtre a une largeur telle, qu'à côté du tube contenant le liquide à examiner, on peut faire apparaître l'un après l'autre tous les tubes de l'échelle. On finit ainsi par en trouver un, dont la couleur est identique à celle de la solution sanguine.

La graduation de cet appareil est tout à fait empirique. Il s'est trouvé que la couleur d'une solution de picro-carminate à 8 p. 100° de carmin correspondait exactement à celle du sang normal. Ce résultat est la moyenne de 20 observations. On pose égale à 100 la richesse en hémoglobine du sang normal, et on calcule, à l'aide d'une proportion, la quantité de matière colorante qui correspond à chacun des degrés de l'échelle. Supposons que la richesse en carmin d'un des tubes soit de 3 gr. p. 1000; la quantité d'hémoglobine correspondante sera :

$$\frac{8}{3} = \frac{100}{x} \qquad x = 37.$$

Ce chiffre 37 peut être transformé en poids absolu d'hémoglobine en admettant que le sang normal en contient 14 gr. p. 100.

L'échelle ainsi obtenue se conserve assez bien. Cependant au bout de quelques mois, Quincke a observé un pâlissement notable des teintes. Dans ce cas, une nouvelle comparaison avec du sang normal devient nécessaire.

Je n'ai pas eu cet appareil à ma disposition. Mais je lui ferai le même reproche qu'à celui de M. Hayem. Le point de départ de sa graduation est incertain. En effet, il est obtenu en produisant l'identité de teinte d'un « sang normal » et d'une solution de picro-carminate de concentration connue. Or le sang ne présente certainement pas à l'état physiologique une richesse en hémoglobine constante. Les résultats obtenus seront donc tout au plus comparables à eux, mais ne pourront jamais être traduits en poids absolus d'hémoglobine. De plus, il faut remarquer qu'après avoir obtenu l'identité de teinte du sang normal et de la solution de picro-carminate, Quincke étend graduellement cette dernière, et adopte l'échelle ainsi obtenue, sans en comparer les degrés à des dilutions faites parallèlement avec le sang normal qui a servi de type. Rien ne prouve que l'égalité de teinte obtenue primitivement, se serait poursuivie avec une exactitude suffisante.

Rajewski et Malassez ont constaté que deux solutions, l'une de picro-carminate, et l'autre d'hémoglobine, ayant absolument la même couleur, subissent des variations de teintes différentes sous l'influence des mêmes variations d'épaisseurs. J'ai cherché en vain dans le travail de Quincke un contrôle quelconque de l'échelle obtenue. C'est donc à peine si l'on peut dire, que les indications fournies par cet appareil sont comparables entre elles.

4° Hémochromomètre de M. Malassez.

Dans ce procédé, on compare la couleur d'une solution sanguine placée dans le réservoir d'un mélangeur Potain, aux différentes parties d'un prisme coloré. On juge de la richesse en hémoglobine du sang qui a servi à faire la solution, par la position qu'il faut donner au prisme pour que celui-ci reproduise exactement la valeur de ton de la solution sanguine. La description qui va suivre est empruntée à l'article publié par M. Malassez (*Archives de physiologie*, 1877) sur les procédés de dosage de l'hémoglobine.

L'appareil se compose d'un écran rectangulaire percé à son centre de deux trous circulaires ayant chacun 5 millimètres de diamètre. Ces trous sont très rapprochés l'un de l'autre, et placés sur la même ligne horizontale. Derrière l'un des trous se place le réservoir d'un mélangeur Potain, présentant deux faces planes et parallèles distantes de 5 millimètres. Derrière le second trou se trouve un prisme coloré, de forme très allongé, qui contient, à la place d'une solution d'hémoglobine ou de sang, une solution de picro-carminate d'ammoniaque.

Ce liquide s'obtient de la façon suivante : On ajoute une solution de picro-carminate bien neutre à un mélange à parties égales d'eau légèrement phéniquée et de glycérine, jusqu'à ce qu'on ait reproduit la valeur de ton d'une solution de sang défibriné au 1/100. La comparaison doit se faire dans des cuves prismatiques et il faut avoir soin de donner au picro-carminate une teinte telle que ce soient les portions moyennes du prisme qui reproduisent exactement la couleur de la solution sanguine. Ces parties moyennes seront seules utilisées dans le maniement de l'instrument. Quand l'identité de teinte est obtenue, la liqueur est chauffée au bain-marie, puis additionnée de 1 gr. de gélatine par 25 cent. cubes. M. Malassez a constaté que cette gelée glycérinée et phéniquée conserve sa transparence pendant plusieurs années.

Le prisme creux complètement rempli de la gelée colorée, est placé sur un chariot mobile, qui permet de faire passer devant le trou de l'écran des parties plus ou moins épaisses et par suite plus ou moins colorées. On pourra donc trouver ainsi le point précis, où le prisme donne la même valeur de ton qu'une solution de sang placée dans le mélangeur derrière l'autre trou de l'écran.

La graduation est obtenue expérimentalement en introduisant successivement dans le mélangeur des solutions de sang de chien dans de l'eau, depuis 4 jusqu'à 16 de sang pour 1000 de mélange. On détermine pour chacune d'elles la position du prisme qui reproduit la couleur de la solution sanguine. Un trait est chaque fois marqué sur le prisme vis-à-vis d'une petite aiguille fixe. On a ainsi une série de degrés correspondant à des solutions qui ne diffèrent des voisines que de 1/1000.

La valeur absolue des divisions est obtenue ainsi qu'il suit : On cherche à quel degré de l'appareil correspond une solution au 1/100 d'un sang de chien, dont on détermine à la pompe la capacité respiratoire. Il s'est trouvé que le degré 9 correspondait à une solution au 1/100 d'un sang de chien capable d'absorber 18 cent. cubes d'oxygène p. 100. Un simple calcul de proportion a donné ensuite la valeur en oxygène des autres degrés de l'appareil.

Enfin, en admettant les chiffres de M. Quinquaud, on peut traduire ces capacités respiratoires en poids absolus d'hémoglobine en posant que 125 gr. d'hémoglobine absorbent 260 cent. cubes d'oxygène.

Le manuel opératoire est le suivant : Une goutte de sang obtenue à l'aide d'une piqûre au doigt suffit au dosage. On l'aspire dans la longue portion du mélangeur jusqu'au trait marqué 1, puis on achève de remplir le réservoir jusqu'au trait 100, avec de l'eau aérée. On a ainsi une solution au 1/100. On agite, puis on fixe le mélangeur sur l'appareil en faisant exactement correspondre son réservoir au trou de l'écran. On détermine, en faisant mouvoir le prisme, quelle est la position de ce dernier qui donne une couleur ayant la même valeur de ton que la solution sanguine. Il faut avoir soin de fixer une masse blanche quelconque, un mur ou un nuage. Une petite plaque de verre dépoli, placée derrière le mélangeur et le prisme, est destinée, du reste, à diffuser et à rendre blanche la lumière qui doit traverser les solutions colorées. Il faut éviter avec soin de regarder le ciel bleu et surtout le soleil.

La graduation est-elle exacte? M. Malassez dit avoir tellement répété ses essais, et ils ont été si concordants, que les divisions établies sur son appareil type correspondent très certainement à des solutions ne différant les unes des autres que de un millième. L'analyse des gaz du sang qui a servi de base à la notation a été faite avec le plus grand soin.

Quelle est l'étendue des divergences possibles entre les analyses d'un même sang? Quand les précautions précédemment indiquées sont bien observées, ces divergences ne dépassent pas une division d'un observateur à l'autre. La gelée glycérinée et phéniquée qui sert de substratum au picro-carminate se conserve très bien. Mais M. Malassez ne saurait dire si la couleur du picro-carminate passe ou ne passe pas.

Je n'ai aucune objection à élever contre le principe de cet appareil. Les expériences qui ont été citées à propos du procédé de MM. Jolyet et Laffont, démontrent amplement que la capacité respiratoire du sang peut être mesurée d'après sa puissance colorante. Seulement il est regrettable que M. Malassez n'ait pas vérifié l'exactitude de la graduation en déterminant à l'aide de l'hémochromomètre d'une part, et d'une analyse à la pompe à mercure de l'autre, la capacité respiratoire d'une dizaine de sangs de chien. C'est de cette façon seulement que l'exactitude de l'échelle peut être contrôlée d'une manière sérieuse. On conviendra volontiers qu'une seule détermination d'oxygène ne constitue pas un point de départ assez solide.

Quant à la transformation des capacités respiratoires en poids absolus d'hémoglobine, elle me paraît être absolument illusoire. Les chiffres de M. Quinquaud ont été établis à l'aide de l'hydrosulfite de soude ; c'est, au contraire, une détermination d'oxygène par la pompe à mercure, qui a servi de point de départ à M. Malassez. J'ai démontré, dans le chapitre relatif aux dosages d'oxygène, que les résultats fournis par ces deux procédés diffèrent notablement et ne peuvent, dans aucun cas, être comparés les uns aux autres.

M. le professeur Beaunis a bien voulu, à l'occasion de ce travail, faire l'acquisition de l'appareil de M. Malassez, et je me proposais de profiter des nombreux dosages d'oxygène qui ont été exposés précédemment pour en vérifier la graduation. J'avais, de même, à ma disposition, plusieurs solutions d'hémoglobine très exactement titrées, qu'il eût été intéressant d'examiner à l'hémochromomètre. Malheureusement je dois dire que je suis arrivé aux résultats les plus discordants. Il y avait entre la qualité de ton des solutions sanguines et celle du picro-carminate, une différence si notable, qu'une comparaison exacte était absolument impossible. La substance colorée du prisme avait une nuance jaune très prononcée ; le sang dilué, au contraire, était rose et légèrement groseille ; il en résultait que même en prenant toutes les précautions recommandées par M. Malassez au sujet de l'éclairage, les résultats obtenus étaient des plus variables.

Il est probable que le picro-carminate, tout en restant transparent, avait subi des changements de coloration notables que je rattache à une lente infiltration d'air dans le prisme. C'est là un des grands inconvénients de l'emploi de cette substance comme couleur étalon : elle peut subir, à l'insu de l'observateur, une lente altération qui fausse peu à peu les résultats. Il ne faut donc avoir, en général, qu'une confiance limitée dans tout appareil où le picro-carminate sert de couleur type, et vérifier fréquemment la graduation en répétant les expériences qui ont servi de point de départ.

5° *Globulimètre de Mantegazza.*

Ce procédé (1) repose sur la mesure du degré de transparence des solutions sanguines. On regarde la flamme d'une bougie à travers la solution du sang à analyser et on interpose une série de verres bleus entre l'œil de l'observateur et la solution. Il arrive un moment où la flamme cesse d'être visible. Il est évident que plus le sang sera transparent, c'est à dire pauvre en matière colorante, plus sera considérable le nombre des verres bleus qu'il aura fallu interposer. On pourra donc juger ainsi de la richesse en hémoglobine.

---

(1) Malassez, *loc. cit.*, p. 17.

L'appareil employé se compose : 1º d'un récipient pour la solution sanguine qui n'est autre chose qu'une sorte de lactoscope de Donné, permettant d'examiner le sang sous des épaisseurs variables ; 2º d'un disque vertical tournant autour d'un axe implanté dans le manche de l'appareil et qui présente les divers points de sa circonférence en avant de l'une des extrémités du récipient. Cette circonférence est percée d'orifices ayant même diamètre que le cylindre récipient et, dans ces orifices, sont enchâssés des verres bleus en nombre plus ou moins grand et, par conséquent, en couches plus ou moins épaisses. Les divers degrés de transparence ont été évalués au moyen de numérations de globules. Chaque verre bleu surajouté correspond à un sang ayant 125,000 globules en moins par milimètre cube.

Le procédé opératoire est le suivant : On fait un mélange de 1 cent. cube de sang et de 96 cent. cubes d'une solution de carbonate de soude à 50 p. 100. Le mélange est introduit dans le récipient. On se place alors dans une chambre obscure et on regarde, à travers l'instrument, la flamme d'une bougie située à 1 mètre de distance ; en tournant le disque, on fait successivement passer devant le liquide sanguin des couches plus ou moins épaisses de verres bleus. On s'arrête quand on ne voit plus la flamme et on lit l'indication qui correspond au dernier orifice à travers lequel on a vu la flamme. Les différences de lectures ne dépasseraient pas un à deux verres, c'est à dire ne correspondraient pas à plus de 250,000 globules ; soit une erreur de 5 p. 100 d'un sang ayant 5 millions de globules.

Comme dans les deux procédés de Welcker, le chiffre de globules indiqué par les degrés de l'appareil ne représente pas la richesse globulaire du sang examiné, comme semble le croire Mantegazza, mais simplement la couleur de ce sang rapportée à celle du sang type.

D'après la description qu'on vient de lire et qui est empruntée à M. Malassez (*Arch. de physiol.*, 1877), les globules seraient dissous dans le liquide qui sert au dosage, puisque le sang est étendu à l'aide d'une solution de carbonate de soude. Je crois qu'il y a là une erreur. Bizzozero, qui a construit son cytomètre sur le principe du globulimètre, dit textuellement : l'appareil de Mantegazza repose sur la mesure du degré de transparence d'un liquide dans lequel les globules sont « seulement suspendus. »

Bizzozero fait remarquer en outre, très justement, que le point de départ

de la graduation est incertain et que les indications fournies par deux globu-
limètres ne sont probablement pas comparables entre elles puisqu'il est impossible de trouver dans le commerce des séries de verres bleus parfaitement identiques.

CHAPITRE III

MÉTHODE SPECTROPHOTOMÉTRIQUE

GÉNÉRALITÉS. — Depuis quelques années, les observations spectroscopiques ne se font plus dans un but purement qualificatif. L'analyse quantitative, du moins en tant qu'il s'agit de spectres d'absorption, trouve dans l'emploi des propriétés optiques des liquides colorés un secours précieux.

Les premiers essais qui ont été faits dans cette direction sont de Bunsen. Il diluait peu à peu une solution de didyme jusqu'à ce qu'une bande d'absorption provenant de ce liquide, fût égale en intensité à celle que produisait une solution de didyme de concentration connue et préalablement diluée.

Mais c'est Vierordt qui, le premier, a fait du procédé spectrophotométrique une méthode d'analyse générale. C'est lui qui, partant des considérations théoriques de Bunsen, a donné la formule de l'analyse spectrale quantitative.

Supposons qu'un faisceau lumineux d'une intensité I, en passant à travers l'unité d'épaisseur d'un liquide coloré, en sorte affaibli et égal $\dfrac{I}{n}$; après passage à travers une seconde couche identique à la première, son intensité sera encore affaiblie dans le rapport $\dfrac{1}{n}$ et sera devenue par suite $\dfrac{I}{n} \times \dfrac{1}{n} = \dfrac{1}{n^2}$. Il en résulte qu'après passage à travers m couches égales à 1, l'intensité lumineuse restante I' sera égale à $\dfrac{I}{n^m}$.

Il n'existe pas de relation simple entre la concentration d'une solution colorée et la fraction, qui exprime l'affaiblissement éprouvé par l'intensité lumineuse.

L'expérience montre que pour une même solution colorée, l'intensité lumineuse restante, exprimée en fraction de l'intensité lumineuse primitive, est toujours la même, quelle que soit la valeur absolue de cette dernière. Pour un même liquide coloré le rapport $\dfrac{1}{n}$ est donc constant, et indépendant de I ; il en résulte que la grandeur de I' ne dépend dans ce cas que de m, c'est-à-dire de l'épaisseur de la solution colorée.

On pourra donc donner une idée du pouvoir absorbant de deux solutions d'une même matière colorante, en indiquant les épaisseurs de chacune d'elles, nécessaires pour réduire un même faisceau lumineux à une même fraction de son intensité lumineuse primitive.

Afin de transformer ce moyen de comparaison en une méthode générale, Bunsen et Roscoe, posant égale à 1 l'intensité lumineuse primitive, prirent comme mesure du pouvoir absorbant d'une solution colorée, l'épaisseur nécessaire pour réduire à $\dfrac{1}{10}$, l'intensité lumineuse primitive 1. Et « ils appelèrent *coefficient d'extinction* la valeur réciproque de l'épaisseur qui produit cet affaiblissement constant. » Ainsi, si $\dfrac{1}{\varepsilon}$ représente l'épaisseur m nécessaire, ε sera le coefficient d'extinction.

Ce coefficient se calcule facilement pour une solution colorée, si on sait exactement de combien s'affaiblit un rayon d'intensité 1, en passant à travers une épaisseur connue de la solution.

Soit I' l'intensité lumineuse après passage à travers une solution colorée d'épaisseur m. On a vu que :

$$I' = \frac{1}{n^m}$$

d'où :
$$n^m = \frac{1}{I'} \tag{1}$$

$$m \log n = - \log I'$$

$$\log n = - \frac{\log I'}{m} \tag{2}$$

On a d'autre part par convention :

$$I' = \frac{1}{10} \quad \text{et} \quad m = \frac{1}{\varepsilon}$$

Donc :

$$n^{\mathrm{m}} = n^{\frac{1}{\varepsilon}} \text{ et } \frac{1}{I'} = 10$$

Si on transporte ces valeurs de n^{m} et de $\frac{1}{I'}$ dans l'équation (1), il vient :

$$n^{\frac{1}{\varepsilon}} = 10$$

$$\frac{1}{\varepsilon} \log n = \log 10 = 1$$

$$\log n = \varepsilon$$

En portant cette valeur de $\log n$ dans l'équation (2), on trouve :

$$\varepsilon = -\frac{\log I'}{m}$$

m représente l'épaisseur de la solution colorée. Si l'on convient de choisir toujours une épaisseur égale à un centimètre, il vient :

$$\varepsilon = -\log I'$$

Si donc on pose égale à 1 l'intensité lumineuse primitive, et qu'on examine une solution sous une épaisseur de 1^{cm}, son coefficient d'extinction s'obtiendra en prenant *le logarithme négatif de l'intensité lumineuse restante.*

L'absorption de la lumière ne dépend pas seulement de l'épaisseur, mais aussi de la concentration de la solution. Supposons qu'une solution colorée de concentration 1, et d'épaisseur m, absorbe une certaine quantité de lumière ; pour qu'une solution de concentration 3 produise le même effet absorbant, elle devra être prise évidemment sous une épaisseur $\frac{m}{3}$; car dans ces conditions, les rayons lumineux rencontreront sur leur passage à travers les deux liquides, un nombre égal de molécules colorées. Les intensités lumineuses restantes étant les mêmes, les coefficients d'extinction seront, d'après la formule qu'on vient d'établir :

Pour la solution 1 . . . . . $\quad \varepsilon = -\dfrac{\log \mathrm{I}'}{m}$

$\quad - \quad\quad - \quad 3$ . . . . . $\quad \varepsilon = -\dfrac{\log \mathrm{I}'}{\dfrac{m}{3}} = -\,3\,\dfrac{\log \mathrm{I}'}{m}$

Donc *le coefficient d'extinction est proportionnel à la richesse en matière colorante.*

Soient c, c', c'', . . . les concentrations d'une série de solutions, ε, ε', ε'', . . . les coefficients d'extinction correspondants, on aura donc :

$$\frac{c}{\varepsilon} = \frac{c'}{\varepsilon'} = \frac{c''}{\varepsilon''} = \ \ldots\ldots \text{ constante A.}$$

Ce rapport constant a été nommé, par Vierordt, *rapport d'absorption.*

Cette grandeur peut être déterminée facilement en mesurant le coefficient d'extinction d'une solution de concentration connue. Sa valeur est fournie alors par l'équation :

$$\mathrm{A} = \frac{c}{\varepsilon}$$

Mais comme on a d'autre part :

$$c = \mathrm{A}\varepsilon,$$

si on a déterminé une fois pour toutes le rapport d'absorption d'une matiere colorante, la concentration inconnue d'une solution quelconque de ce corps s'obtiendra en mesurant son coefficient d'extinction et le multipliant par la constante A.

Tel est le but de l'analyse spectrale quantitative.

Il semble donc que pour déterminer le coefficient d'extinction, et par suite la concentration d'une solution, il suffira de mesurer l'affaiblissement que subit un faisceau de lumière blanche par son passage à travers le liquide. Il n'en est rien. En effet, la plupart des matières colorantes absorbent, dans des proportions très variables, les différentes couleurs du spectre. Supposons qu'un faisceau lumineux composé de deux couleurs, passe à travers l'unité d'épaisseur d'une solution colorée et que l'une des couleurs soit affaiblie dans le rapport $\frac{1}{n}$, l'autre, dans le rapport $\frac{1}{n'}$. Le total des intensités lumineuses restantes sera donc $\frac{1}{n} + \frac{1}{n'} = \frac{1}{q}$. Après passage à travers une deuxième couche, les intensités seront $\frac{1}{n^2} + \frac{1}{n'^2}$ somme qui n'est pas égale du tout à $\frac{1}{q^2}$.

La loi d'absorption n'est donc vraie que pour une lumière homogène.

Le pouvoir absorbant des corps doit donc être étudié à l'aide du spectroscope. Pour cela, on délimite dans le spectre une bande colorée, aussi homogène que possible, et l'on étudie l'absorption qu'exerce la solution à analyser sur les rayons de cette région.

Comme on le voit, toute la valeur de la méthode photométrique repose sur le degré d'exactitude avec lequel on détermine le coefficient d'extinction d'un milieu coloré. Cette mesure dépend elle-même du degré de précision avec lequel on mesure l'intensité lumineuse restante d'un rayon, après son passage à travers une solution colorée, son intensité primitive étant posée égale à 1.

Le principe d'une semblable mesure est le suivant : Il s'agit d'apprécier l'intensité relative de deux rayons lumineux identiques, dont l'un est perçu directement par l'œil, et l'autre après passage à travers la solution colorée. On tâche d'affaiblir le premier de ces rayons, de telle sorte qu'il soit à chaque instant possible d'exprimer cette diminution par une fraction de l'intensité lumineuse primitive. On poursuit cet affaiblissement, jusqu'à ce que les deux intensités lumineuses soient égales.

Ainsi soient A et B deux rayons lumineux d'intensité égale à 1. Supposons l'un, A, perçu directement, et l'autre, B, perçu après son passage à travers la solution colorée ; B aura subi une certaine diminution d'intensité, et sa nouvelle valeur pourra être appréciée par rapport à celle de A, en affaiblissant celui-ci jusqu'à ce que les deux rayons soient égaux en intensité. Si pour arriver à ce résultat, il faut réduire l'intensité de A à son quart, l'intensité lumineuse restante de B sera exprimée par 0,25.

Le problème revient donc pratiquement à rendre égale l'intensité lumineuse de deux surfaces colorées, et l'exactitude de la méthode dépend du degré de précision avec lequel l'œil peut faire cette comparaison.

§ I. — Spectrophotomètre de Vierordt.

Les considérations générales qui viennent d'être exposées, ont été pratiquement vérifiées par Vierordt. Je vais donner ici la description de l'appareil dont il s'est servi ; puis j'indiquerai, d'une manière générale, les conditions d'une analyse spectrale quantitative. La plupart d'entre elles sont vraies pour tous les spectrophotomètres ; mais appliquées à l'un d'eux, elles seront d'une exposition plus facile et plus nette.

L'appareil de Vierordt repose sur ce principe, que l'intensité lumineuse d'une région spectrale est proportionnelle à la largeur de la fente.

Cet appareil diffère essentiellement d'un spectroscope ordinaire, par une disposition spéciale de la fente du collimateur, qui est limitée d'une part par une pièce fixe, A, et de l'autre, par deux plaques mobiles, B et C, mues par deux vis micrométriques. Ces vis portent chacune un tambour gradué t, t', dont la circonférence est divisée en cent parties égales. Le pas de la vis est de deux dixièmes de millimètre. La fente du spectroscope est donc partagée en deux moitiés superposées, dont la largeur peut être lue sur les tambours gradués, sans que l'observateur soit obligé de quitter l'oculaire. (Fig. IV.)

MESURE DE L'ABSORPTION LUMINEUSE. — Si l'on place devant la moitié inférieure de la fente, une solution colorée, on voit, à écartement égal des deux fentes, deux spectres superposés : l'un, produit directement par la source lumineuse, a conservé toute son intensité : l'autre, correspondant à la moitié inférieure de la fente, a été affaibli par la solution colorée. La source lumineuse est la même pour les deux spectres ; pour mesurer l'intensité lumineuse restante d'une région donnée du spectre d'absorption, il suffira donc de rétrécir la moitié supérieure de la fente, jusqu'à ce que dans cette région, le spectre pur soit égal en intensité au spectre d'absorption. S'il a fallu réduire l'écartement au quart de sa valeur primitive, c'est que l'intensité lumineuse restante du spectre d'absorption n'est plus que le quart de l'intensité primitive.

Avant l'opération, on donne ordinairement aux deux fentes une largeur correspondant à un tour complet de la vis micrométrique, c'est-à-dire, à cent divisions du tambour L'écartement de la fente qui correspond à la solution colorée, ne varie pas pendant la mesure photométrique; si pour produire l'égalité des deux spectres, il a fallu réduire la largeur de la fente supérieure de 100 à 35, c'est que l'intensité restante du spectre d'absorption n'était plus que de 0,35, si l'intensité primitive est supposée égale à 1.

Lorsque le pouvoir absorbant de la solution est très considérable, il devient difficile de mesurer avec exactitude l'intensité lumineuse restante; car le rétrécissement de l'une des fentes, devient tel qu'il se produit une notable différence de ton dans la couleur des deux surfaces à comparer. De plus, les poussières qui se déposent toujours sur la fente, font apparaître dans le spectre une foule de raies horizontales qui gênent la comparaison des intensités lumineuses. De là le conseil donné par Vierordt, de ne jamais réduire la largeur de la fente au delà du 1/10 de sa valeur primitive. La difficulté peut être tournée en produisant en partie l'affaiblissement du spectre pur, au moyen de verres fumés dont on a mesuré à l'avance le pouvoir absorbant pour chaque région spectrale. Un faible rétrécissement de la fente suffit alors pour amener l'égalité entre les deux spectres. L'emploi des verres fumés est gênant; mais on peut facilement éviter de s'en servir, en diluant convenablement les liquides à analyser.

ORIENTATION DANS LE SPECTRE. — Une solution colorée absorbe dans une proportion très variable les différentes couleurs du spectre.

C'est donc dans une région déterminée, et non pour tout le spectre, qu'il faut mesurer le pouvoir absorbant d'un liquide. Dans ce but, la lunette oculaire du spectroscope présente au point de croisement des fils, deux écrans mobiles qui pénètrent de chaque côté dans la lunette, et qui permettent de découper une bande lumineuse verticale de même couleur dans des régions correspondantes des deux spectres.

On verra plus loin qu'à chaque matière colorante correspondent une ou plusieurs régions dans lesquelles l'absorption lumineuse est le plus favorable aux mesures photométriques. Il importe donc de pouvoir s'orienter rapidement dans le spectre. Pour cela, Vierordt pose égal à 100 l'espace qui sépare deux lignes de Fraunhofer ; il s'ensuit que C 50 D — C 80 D par exemple, désigne une bande spectrale, va de la division 50 à la division 80, l'espace total C — D étant supposé partagé de C à D en cent parties égales. Le micromètre est remplacé dans cet appareil par une petite fente rectangulaire mobile à l'aide d'une alidade qui joue sur un arc gradué. Lorsqu'on éclaire cette fente, son image se projette dans le spectre sous forme d'une bande lumineuse rectangulaire que l'on peut promener dans tout le champ en faisant aller et venir l'alidade.

C'est à l'aide de cette image que l'on repère, une fois pour toutes, les lignes Fraunhofer. Pour cela, on fait tomber sur la fente du colimateur un faisceau de rayons solaires, et on détermine à quel degré de l'arc gradué correspond l'alidade, lorsqu'un des bords, le bord droit par exemple de l'image de la petite fente, coïncide avec une raie de Fraunhofer. On repère ainsi successivement les raies les plus importantes.

Je suppose maintenant qu'on veuille découper dans le spectre une bande lumineuse allant de D 11 E à D 50 E. On sait que D correspond à la division 25,2, et E à la division 22,2 de l'arc gradué. Une simple proportion fait trouver que D 11 E correspond à 24,9. On fait alors coïncider l'alidade avec la division 24,9 et éclairant la petite fente, on fait glisser l'écran de gauche jusqu'à ce que son bord coïncide avec celui de l'image. On repère d'une façon analogue la région D 50 E.

Il est indispensable que les bords des écrans restent parallèles aux raies de Fraunhofer, ou, ce qui revient au même, aux bords de la fente du spectroscope. Si cette condition n'est pas remplie, les régions spectrales observées ne se correspondent pas exactement dans les deux spectres ; et comme l'absorption lumineuse varie souvent très rapidement d'une région à l'autre, il peut en résulter des erreurs grossières dans la détermination de l'intensité lumineuse restante. Les pièces dont l'ensemble délimite la fente du spectroscope doivent d'autre part être séparées de temps en temps de l'appareil, dans le but de débarrasser les bords de la fente des poussières qui s'y accumulent très rapidement. La lunette oculaire qui porte les écrans est également mobile autour de son axe ; il faut donc s'assurer soigneusement avant chaque série d'expériences que les bords des écrans sont parallèles.

à une raie de Fraunhofer, ou à la raie D fournie par la flamme du sodium. Il est bon de suivre le conseil de Vierordt, qui recommande d'installer des repères qu'il est facile d'imaginer et qui permettent de rétablir rapidement le parallélisme de la fente et des écrans, lorsque de petits déplacements se sont produits. L'appareil devrait être muni de vis permettant de fixer solidement ces deux pièces, les repères que l'on peut installer soi-même n'ayant jamais toute l'exactitude désirable. Les écrans de l'appareil qui m'a servi, pouvaient tourner très facilement autour de l'axe de la lunette, et je suis persuadé que c'est aux petites rotations qui se sont produites souvent à mon insu, que je dois attribuer les résultats discordants obtenus quelquefois.

Cuves d'absorption. — Ces cuves proposées par Schultz, sont constituées par de petits vases en verre, à faces parallèles, dont le fond est occupé par un cube en flint complètement noyé dans le liquide à examiner. La cuve est disposée devant la fente de l'appareil, de telle sorte que la face supérieure du cube soit bien horizontale, et que l'image qu'elle produit dans le spectre sous forme d'une ligne obscure, coïncide avec la limite de séparation des deux spectres.

Cette limite peut être rendue très nette en donnant aux deux fentes un écartement notablement différent. Les deux spectres, d'inégale intensité, sont alors séparés par une ligne foncée, très fine, qui apparaît avec une grande netteté. C'est avec cette ligne qu'il faut faire coïncider la bande obscure qui constitue l'image de la face supérieure du cube. A cet effet, le support sur lequel est installée la solution porte un plateau auquel on peut imprimer, au moyen d'une vis, des mouvements très lents dans un sens vertical.

Les parois de la cuve doivent présenter un écartement de 11 millimètres; l'épaisseur du cube doit être de 10 millimètres. Il en résulte que l'un des spectres correspond à un épaisseur de 1 millimètre et l'autre à une épaisseur de 11 millimètres de solution colorée. Tout se passe donc comme si l'un des spectres était produit directement par la source lumineuse, et l'autre après passage des rayons à travers une solution colorée de 10 millimètres d'épaisseur.

Lorsque la cuve de Schultz est remplie d'eau distillée, les deux spectres doivent avoir exactement la même intensité lumineuse pour une même largeur des deux fentes. Si l'un des spectres paraît plus éclairé, c'est que la source lumineuse n'occupe pas une position convenable, ce qui fait que l'éclairement des deux fentes n'est pas identique.

Les dimensions de la cuve et du flint ne sont pas toujours exactement celles que je viens d'indiquer. Il est donc nécessaire de les vérifier à l'aide d'un bon sphéromètre, et de calculer, s'il y a lieu, le chiffre par lequel il faut multiplier le coefficient d'extinction pour corriger l'erreur.

Voici les dimensions trouvées pour deux cuves et leurs cubes en flint :

Écartement des parois.	Épaisseur du flint.	Épaisseur du du liquide infér.	Épaisseur active.	Coeff. de correct.
$11^{mm},442$	$10^{mm},069$	$1^{mm},373$	$10^{mm},069$	0,993
22 ,138	20 ,009	2 ,1296	20, 009	0,999

L'épaisseur active était donc de $10^{mm},069$ et $20^{mm},009$ au lieu de 10 et 20 millimètres. L'écart est donc faible pour la première cuve et tout à fait négligeable pour la seconde.

Vierordt recommande de prendre comme source lumineuse une lampe à pétrole munie d'une mèche plate de 2 centimètres de largeur et que l'on place à 15 centimètres environ de la fente, de telle façon que le bord supérieur de la mèche soit dans le prolongement de l'axe du collimateur.

Analyse spectrale quantitative. — On a vu plus haut que des considérations théoriques ont conduit à la relation suivante :

$$c = A\,\varepsilon,$$

formule qui peut se traduire ainsi : *la richesse en matière colorante d'une solution peut être obtenue en multipliant le rapport d'absorption A de cette substance, déterminé une fois pour toutes et pour une région spectrale donnée, par le coefficient d'extinction de la solution colorée pour la même région spectrale.*

L'analyse spectrale quantitative exige donc la détermination, 1° du coefficient d'extinction de la solution colorée, 2° du rapport d'absorption de la substance dissoute.

1° Le coefficient d'extinction se calcule d'après la formule suivante établie plus haut :

$$\varepsilon = - \log I'$$

Il suffit donc de prendre le logarithme négatif de l'intensité lumineuse restante, après passage de la lumière à travers une épaisseur de 1 centimètre de la solution, l'intensité lumineuse primitive étant posée égale à 1.

Supposons qu'une solution d'alun de chrome ait affaibli la lumière dans la région D 11 E — D 50 E, dans une proportion telle qu'il a fallu rétrécir la fente qui correspond au spectre pur, jusqu'à 0,445 de sa largeur primitive. L'intensité lumineuse restante est donc 0,445 et l'on aura :

$$\begin{aligned}
\varepsilon &= - \log 0{,}445 \\
&= - (0{,}64836 - 1) \\
&= 1 - 0{,}64836 \\
&= 0{,}35164
\end{aligned}$$

Afin d'éviter ce calcul, Vierordt [1] a dressé une table des coefficients d'extinction pour des intensités lumineuses allant de 0,999 à 0,001. Cette table donne donc directement vis-à-vis de l'intensité lumineuse trouvée au spectroscope, le coefficient d'extinction cherché.

Si la solution a été examinée sous une épaisseur de n centimètres, le coefficient d'extinction trouvé est à diviser par n.

2° Lorsque la concentration de la solution est connue d'avance, on peut à l'aide du coefficient d'extinction calculer le rapport d'absorption de la matière colorante à l'aide de la formule :

$$A = \frac{c}{\varepsilon}$$

---

[1] Vierordt, *Die Anwendung des Spectralapparates zur Photometrie, etc.* — Tübigen, 1873.

Par concentration, Vierordt entend *le poids de matière colorante dissoute dans 1 cent. cube de la solution examinée au spectroscope* (1). Dans l'exemple que j'ai choisi, 1 cent. cube de la solution contenait $0^{gr},01578$ d'alun de chrome. Le rapport d'absorption sera par suite :

$$A = \frac{c}{\varepsilon} = \frac{0,01578}{0,35168} = 0,04487$$

La concentration d'une solution quelconque d'alun de chrome dont on aura pris le coefficient d'extinction ε' dans la région D 11 E — D 50 E, sera par conséquent :

$$c' = 0,04487 \times \varepsilon'$$

Vierordt a montré, par un nombre très considérable de mesures photométriques, que la relation $c = A\,\varepsilon$ est vérifiée par l'expérience. La valeur de A devant être fixée une fois pour toutes et servir de point de départ à tous les dosages ultérieurs, doit être déterminée en général en prenant le coefficient d'extinction d'une série de solutions de concentration connue. J'ai essayé de fixer ainsi le rapport d'absorption de l'alun de chrome pour la région spectrale D 11 E — D 50 E, en prenant le coefficient d'extinction de quatre solutions de concentration connue. Le tableau suivant indique dans la première colonne les concentrations connues d'avance ; dans la seconde, les intensités lumineuses restantes observées au spectroscope après passage de la lumière à travers une épaisseur de 1 millim. de la solution colorée ; la troisième colonne indique les coefficients d'extinction correspondants. Les rapports d'absorption calculés chaque fois d'après la formule $A = \frac{c}{\varepsilon}$ forment une quatrième colonne. Enfin les chiffres de la cinquième colonne représentent les concentrations calculées pour chaque solution à l'aide des valeurs de ε et de la moyenne arithmétique de celles de A.

---

(1) Hüfner avait primitivement désigné par c la richesse en matière colorante de 100 cent. cubes de la solution. Le rapport d'absorption devient alors 100 fois plus grand. Mais afin d'éviter des confusions, Hüfner a adopté plus tard la convention de Vierordt.

c	I'	ε	$A = \dfrac{c}{\varepsilon}$	$c = A\,\varepsilon$
$0^{gr},04734$	$0,08$ (?)	$1,09691$	$(0,04316)$	$0,04898$
$0\ ,03156$	$0,198$	$0,70336$	$0,04487$	$0,03141$
$0\ ,01578$	$0,445$	$0,35168$	$0,04487$	$0,01570$
$0\ ,00789$	$0,663$	$0,17827$	$0,04426$	$0,00795$
		Moyenne.....	$0,04466$	

Les concentrations choisies variaient comme 1, 2, 4, 6. On voit que les coefficients d'extinction sont très sensiblement proportionnels aux valeurs de c, sauf pour la première solution, pour laquelle l'absorption était si forte, que la comparaison des intensités lumineuses n'a pu être faite que d'une façon approximative. Aussi me suis-je abstenu de faire entrer la valeur correspondante de A, 0,04316, dans le calcul de la moyenne.

Les écarts entre les concentrations vraies et les concentrations calculées sont, comme on le voit, extrêmement faibles, et on peut considérer la loi d'absorption comme vérifiée avec une exactitude suffisante. D'ailleurs Vierordt a trouvé dans la même région spectrale pour le rapport d'absorption de l'alun de chrome, la valeur 0,04477.

Les régions spectrales les plus favorables à l'analyse quantitative sont celles qui présentent pour de petites différences de concentration, des différences notables dans l'absorption lumineuse.

Il est donc nécessaire de déterminer au préalable pour chaque substance, par des mesures photométriques repétées, la marche de l'absorption lumineuse dans les différentes régions du spectre. Si l'on porte sur la ligne des abscisses des longueurs proportionnelles aux distances des raies de Fraunhofer, et sur celles des ordonnées des espaces représentant la grandeur de l'absorption lumineuse, on peut construire une courbe dont la forme est caractéristique pour chaque substance (1). En d'autres termes, pour une lu-

____

(1) Vierordt, *Die graphische Darstellung der Absorptionsspectren*. *Poggendorff's Annalen*, Bd CLI, 1874.

mière d'une longueur d'onde déterminée, le pouvoir absorbant est constant et caractéristique pour chaque matière colorante.

Les bandes d'absorption présentées par certaines substances sont dues à une différence brusque et considérable de l'action exercée par une solution sur deux régions spectrales voisines. Mais si une matière colorante ne présente pas de bandes d'absorption, il n'en résulte pas que l'étude de son spectre est sans utilité pour l'analyse ; grâce à la méthode photométrique, il est possible de la caractériser et de la doser tout aussi exactement.

On choisira donc pour l'analyse spectrale, une région dans laquelle l'absorption lumineuse soit forte, et par suite facile à mesurer avec exactitude. Pour l'alun de chrome par exemple, la région la plus sensible va de D 11 E à D 50 E ; pour l'oxghémoglobine, c'est l'espace occupé par la deuxième bande, de D 63 E à D 84 E.

Pour les mêmes raisons, on opérera autant que possible sur des solutions concentrées, à condition toutefois qu'elles laissent passer une quantité suffisante de lumière. Une dilution plus grande abaisse le coefficient d'extinction et diminue l'exactitude du dosage. Il est bon que l'intensité lumineuse restante soit comprise à peu près entre 0,10 et 0,40. Si les liquides à analyser sont trop faiblement colorés, il faut les examiner sous une épaisseur plus forte, 2 à 10 centimètres.

Il arrive souvent, principalement pour des liquides physiologiques, qu'il est impossible d'isoler la matière colorante, et par conséquent de déterminer son rapport d'absorption A. Il faut alors se contenter d'exprimer, au moyen du coefficient d'extinction, les richesses relatives en matière colorante.

J'ai supposé jusqu'ici des solutions colorées ne contenant qu'un seul corps. Qu'arrive-t-il, lorsque le liquide examiné au spectroscope contient deux matières colorantes, pouvant coexister sans décomposition ? Des considérations théoriques font prévoir que chaque corps agira sur la lumière comme s'il était seul, et que le coefficient d'extinction du mélange, sera égal à la somme des coefficients des deux composantes. Vierordt a montré que l'expérience vérifie parfaitement cette hypothèse ; en prenant les coefficients d'extinction de plusieurs mélanges de permanganate de potasse et de bichromate de potasse en proportions connues, soit une solution contenant, par centimètre cube, 0,03125 milligr. de permanganate et 5 milligr. de bichromate, on peut calculer, à l'aide du rapport d'absorption de chaque substance, que le coefficient d'extinction du permanganate, s'il était seul dans la solution, serait de 0,2989, et celui du bichromate, de 0,3561, ce qui ferait un coefficient d'extinction total de 0,6550. Or, le coefficient du mélange observé directement est de 0,64017. Pour une série d'autres mélanges, les résultats furent les suivants (1) :

Coefficients d'extinction calculés.	Coefficients d'extinction observés.
0,1310	0,1302
0,2596	0,2604
0,5229	0,5208
0,4089	0,4031

Ces résultats traduits algébriquement, donnent une formule permettant de doser simultanément deux matières colorantes qui coexistent dans un mélange. Il suffit, pour cela :

1° D'être sûr que le liquide ne contient que ces deux substances colorantes ;

2° De connaître le rapport d'absorption de chacune d'elles, dans deux régions spectrales déterminées ;

3° De mesurer au spectrophomètre le coefficient d'extinction du mélange dans les deux mêmes régions.

Désignons par :

x, le poids de l'un des corps par centimètre cube du mélange;

A et A', ses rapports d'absorption, connus d'avance, pour deux régions spectrales ;

y, le poids de l'autre substance, par centimètre cube du mélange ;

A_1 et A_1', ses rapports d'absorptions, connus d'avance, pour les mêmes régions spectrales ;

____

(1) Ces expériences constituent un moyen indirect de s'assurer que deux matières colorantes peuvent coexister, dans un même liquide, sans décomposition.

E, E′, les coefficients d'extinction du mélange dans ces mêmes régions.

On peut écrire que le coefficient d'extinction du mélange est égal à la somme des coefficients d'extinction de chacune des deux substances. On aura donc :

$$E = \frac{x}{A} + \frac{y}{A_{\scriptscriptstyle 1}}$$

$$E' = \frac{x}{A'} + \frac{y}{A'_{\scriptscriptstyle 1}}$$

D'où l'on tire :

$$x = \frac{AA'\,(E'\,A'_{\scriptscriptstyle 1} - E\,A_{\scriptscriptstyle 1})}{AA'_{\scriptscriptstyle 1} - A_{\scriptscriptstyle 1}\,A'}$$

$$y = \frac{A_{\scriptscriptstyle 1}\,A'_{\scriptscriptstyle 1}\,(E\,A - E'\,A')}{A\,A'_{\scriptscriptstyle 1} - A_{\scriptscriptstyle 1}\,A'}$$

On verra plus loin comment Hüfner a appliqué cette formule au dosage simultané de l'oxyhémoglobine et de l'hémoglobine dans le sang.

J'ai supposé jusqu'ici que l'observateur était toujours renseigné sur la nature et le nombre des matières colorantes contenues dans la solution à analyser. Mais il peut arriver fréquemment, surtout dans des recherches physiologiques, qu'à côté de la matière colorante à doser, on soupçonne l'existence d'autres produits colorés dont l'action absorbante viendrait fausser les résultats. Enfin, à un point de vue purement qualitatif, il peut être du plus haut intérêt de savoir si un liquide physiologique contient une ou plusieurs matières colorantes. L'étude photométrique des spectres d'absorption permet de résoudre ces questions d'une manière très simple.

En comparant entre eux les coefficients d'extinction que fournit, dans deux régions spectrales, une solution contenant une matière colorante unique, on voit que leur rapport est constant, quelle que soit la concentration de la solution. Ainsi les chiffres suivants, empruntés à Vierordt, montrent que pour le bichromate de potasse et dans les régions spectrales, E 80 F — F et F 21 G — F 32 G, ce rapport est sensiblement égal à $\frac{1}{2}$ et indépendant de la concentration.

Région spectrale.	Concentration des solutions.		
	0,00125	0,000625	0,000312
E 80 F — F	0,5575 = 1	0,2718 = 1	0,1359 = 1
F 21 G — F 32 G	1,1185 = 2	0,5738 = 2,1	0,2840 = 2,1

Ces expériences permettent d'affirmer que, *si un liquide examiné sous des concentrations variables, fournit dans deux régions spectrales des coefficients d'extinction dont le rapport est constant, ce liquide ne contient qu'une seule matière colorante.*

Il est à peine nécessaire de faire remarquer combien un semblable moyen d'investigation est précieux pour l'étude des liquides physiologiques colorés, tels que le sang, l'urine ou la bile (1).

Dosage de l'oxyhémoglobine par voie spectrophotométrique. — Appliquons maintenant ces connaissances au dosage de l'hémoglobine dans le sang par voie spectrophotométrique.

La puissance colorante de ce liquide étant très considérable, il est nécessaire de le diluer fortement pour rendre possible l'analyse spectrale. Les proportions les plus convenables sont de 1 de sang pour 160 à 200 d'eau, et comme 3 à 4 cent. cubes du liquide dilué suffisent amplement à l'analyse spectrale, on voit que la quantité de sang nécessaire est tout à fait minime. Si la solution ainsi obtenue n'absorbe qu'une quantité de lumière trop faible, il est bon de l'examiner sous une épaisseur de deux ou trois centimètres. Des mesures photométriques faites sous deux ou trois épaisseurs différentes constituent du reste un excellent contrôle de l'exactitude des déterminations. Ces dilutions peuvent être faites en mesurant les volumes d'eau et de sang

---

(1) Il m'est impossible de donner ici une idée des nombreuses applications qu'a reçues entre les mains de Vierordt la méthode spectrophotométrique. Ainsi, ce procédé lui a servi au dosage des substances incolores qui présentent une réaction de coloration (dosage du sulfocyanure de la salive), à la détermination de la puissance décolorante du noir animal et à l'examen des mélasses, à l'étude du pouvoir absorbant du sang, de la bile, de l'urine, des fecès, des liquides pathologiques, des parties vertes de quelques plantes, etc. L'étude des matières colorantes naturelles et artificielles du vin, si obscure encore et si délicate, trouverait certainement, dans l'emploi de cette méthode, un secours précieux.

à l'aide de pipettes graduées. Mais pour des recherches très exactes, il vaut mieux, à l'exemple de Hüfner, introduire la petite quantité de sang nécessaire à l'analyse, dans de petits ballonnets contenant de l'eau et tarés à l'avance.

Pour que la solution obtenue soit absolument limpide, il est de règle de l'additionner d'une faible quantité de soude, ou mieux de carbonate de soude sec. Koerniloff et Leichtenstern ont montré que cette addition a pour effet de diminuer légèrement le coefficient d'extinction, c'est-à-dire la quantite de lumière absorbée. La différence qui est surtout sensible pour des sangs de leucémiques, tient à ce fait que la soude augmente la limpidité du liquide en dissolvant les corpuscules graisseux en suspension.

Le dosage de la matière colorante doit se faire à l'état d'oxyhémoglobine; mais il est inutile d'agiter la solution à l'air. L'eau qui a servi à la dilution contient une quantité d'oxygène amplement suffisante pour oxyder toute l'hémoglobine.

Pour que le dosage soit possible, il faut d'abord être sûr que le sang ne contient qu'une seule matière colorante. Supposons pour l'instant qu'il en est ainsi; les expériences qui le démontrent jusqu'à l'évidence seront plus commodément exposées tout à l'heure.

La région spectrale choisie de préférence est celle qui correspond à la deuxième bande d'absorption de l'oxyhémoglobine. Elle va de D 63 E à D 84 E. Des mesures photométriques montrent en effet que l'absorption lumineuse y est plus forte que dans la première, bien que celle-ci paraisse sensiblement plus sombre. Cela tient à ce fait que la première bande se trouvant près du rouge qui est une région très lumineuse, ressort plus nettement que la seconde. On éclaire donc la fente mobile, et on repère la région D 63 E — D 84 E qui est isolée du reste du spectre à l'aide des écrans mobiles.

On s'assure préalablement qu'à un égal écartement des deux fentes indiqué par les divisions des tambours correspond un égal éclairement des deux spectres; sinon on déplace la lampe dans un sens vertical jusqu'à ce qu'elle éclaire également les deux moitiés de la fente et que les deux spectres aient identiquement la même intensité lumineuse. Bien entendu, la propreté de toutes les pièces en verre de l'appareil doit être soigneusement surveillée. De plus, il faut avoir soin de donner à l'œil, devant l'oculaire, une position telle qu'on aperçoive une égale hauteur des deux spectres. Cette condition est indispensable à une comparaison exacte des deux surfaces lumineuses.

La solution colorée, parfaitement limpide, est introduite dans la cuve de Schultz que l'on dispose devant la fente du collimateur avec les précautions qui ont été indiquées plus haut. Les parois de la cuve et le cube en flint doivent être, bien entendu, d'une propreté parfaite.

On mesure alors l'intensité lumineuse comme on l'a expliqué plus haut, en rétrécissant la fente qui correspond au cube en flint, jusqu'à ce que les deux spectres aient un égal éclairement.

L'écartement primitif choisi doit être dans la règle de 2 millimètres, correspondant à un tour complet de la vis, c'est-à-dire à 100 divisions du tambour. L'intensité lumineuse restante est donc lue directement sur le tambour inférieur et transformée en coefficient d'extinction à l'aide de la table de Vierordt.

Ce chiffre représente d'une manière relative la concentration de la solution observée et peut être conservé sous cette forme. Pour le transformer en un poids absolu d'hémoglobine, il est nécessaire de connaître le rapport d'absorption de l'oxyhémoglobine dans la région D 63 E — D 84 E, puisqu'on a la relation :

$$c = A\varepsilon.$$

La valeur de A est fournie par l'équation.

$$A = \frac{c}{\varepsilon}$$

C'est à dire qu'on l'obtiendra en prenant le coefficient d'extinction de solutions d'oxyhémoglobine de concentration connue, et calculant chaque fois le produit $\frac{c}{\varepsilon}$ qui doit être constant. La détermination de cette constante a été entreprise pour la première fois par Hüfner, pour l'oxyhémoglobine de sang de chien. Elle constitue une opération des plus délicates, à cause de la difficulté qu'on éprouve de fixer d'une manière exacte le titre d'une solution d'hémoglobine. Les déterminations les plus exactes et les plus récentes sont de v. Noorden, qui a entrepris, sous la direction de Hüfner, une revision générale de la question. La marche à suivre est celle-ci. On prépare, en partant du sang de chien, des cristaux d'oxyhémoglobine qui, purifiés par trois recristallisations successives, sont finalement redissous dans de l'eau froide. La concentration de cette solution est déterminée par évaporation avec les précautions qui ont été indiquées page 8 . Dans les expériences de v. Noorden, l'évaporation avait lieu dans un petit vase de forme spéciale, qui permettait d'achever la dessication du résidu à 112° dans un courant d'hydrogène.

La solution ainsi obtenue est trop concentrée pour pouvoir servir directement à l'analyse spectrale. Elle doit être préalablement diluée, en employant non pas des vases gradués, mais la balance de précision. Les quantités de liquide sont, en effet, si petites que la moindre erreur de lecture peut entraîner des écarts considérables. Pour cela, on répartit dans de petits ballonnets tarés et bouchés de petites quantités (de 1 à 2 cent. cubes) de la solution type d'hémoglobine; on pèse une seconde fois, puis on ajoute de 25 à 35 cent. cubes d'eau et on reporte sur la balance. En outre on détermine, pour chacune de ces dilutions, la densité par la méthode du flacon. On a ainsi tous les éléments nécessaires pour calculer la concentration de la solution diluée, c'est-à-dire le poids de matière colorante dissoute dans 1 cent. cube de la solution.

Soient :

g, le poids de la solution qui a été soumise à l'évaporation;

g', le résidu de g,

γ, le poids de la petite quantité de liquide coloré qui a été pesée chaque fois pour la dilution;

Q, le poids de ce liquide, plus le poids de l'eau ajoutée;

s, le poids spécifique de la solution diluée;

c, sa concentration.

La concentration cherchée sera donnée chaque fois par la formule :

$$c = \frac{\gamma g'}{g} \cdot \frac{s}{Q}$$

Lorsque toutes les pesées sont faites, on additionne les solutions diluées de quelques grains de carbonate de soude bien sec, afin d'obtenir une limpidité et stabilité plus grandes. Ces liquides sont portés au spectroscope et on détermine, pour chacun d'eux, le coefficient d'extinction dans la région D 63 E — D 84 E, qui correspond à la deuxième bande de l'oxyhémoglobine et dans la région D32E — D53E, qui correspond à l'espace qui sépare les deux bandes.

Le tableau VI expose les résultats obtenus de cette façon par v. Noorden, dans cinq séries d'expériences. Pour chacune d'elles, il a été fait une nouvelle préparation de matière colorante. Dans ce tableau, on désigne par :

c, la concentration de la solution examinée au spectrophotomètre ;

ε_0, le coefficient d'extinction
A_0, le rapport d'absorption $\Big\}$ pour la région D 32 E — D 53 E.

ε'_0, le coefficient d'extinction
A'_0, le rapport d'absorption $\Big\}$ pour la région D 63 E — D 84 E.

Ces résultats ont été obtenus à l'aide du spectrophotomètre de Hüfner.

J'ai suivi exactement, dans mes propres expériences, le procédé qui vient d'être décrit, avec cette seule différence que le résidu d'hémoglobine était desséché simplement dans une étuve à air à 112. J'ai fait une seule série de déterminations avec de l'oxyhémoglobine de chien, et trois avec de l'oxyhémoglobine de cheval.

L'appareil employé était le spectrophotomètre de Vierordt. Les résultats obtenus sont consignés dans le tableau VII.

TABLEAU VI.

c	ε_0	ε'_0	$A_0 = \dfrac{c}{\varepsilon_0}$	$A'_0 = \dfrac{c}{\varepsilon'_0}$	Moy. de A_0	Moy. de A'_0
0,0005696	0,42066	0,54956	0,001354	0,001036	0,001309	0,000995
0,0004310	0,34090	0,45190	0,001264	0,000954		
0,0012190	0,89197	1,18040	0,001368	0,001033	0,001303	0,000992
0,0006532	0,52850	0,68830	0,001238	0,000950		
0,0010860	0,79802	1,07644	0,001361	0,001009	0,001340	0,001010
0,0008716	0,63988	0,84044	0,001362	0,001037		
0,0007465	0,57548	0,75848	0,001297	0,000984		
0,0009075	0,64548	0,85036	0,001403	0,001065	0,001304	0,000991
0,0005919	0,47138	0,61666	0,001256	0,000960		
0,0005136	0,40980	0,54156	0,001254	0,000948		
0,0012040	0,83860	1,14256	0,001436	0,001054	0,001363	0,001013
0,0007284	0,54634	0,73310	0,001333	0,000994		
0,0005841	0,44276	0,58900	0,001319	0,000992		
				Moyennes...	0,001324	0,001000

TABLEAU VII.

Origine de l'oxyhém.	c	ε_0	ε'_0	$A_0 = \dfrac{c}{\varepsilon_0}$	$A'_0 = \dfrac{c}{\varepsilon_0}$	Moy. de A_0	Moy. de A'_0
Cheval ..	0,0004886	0,34487	0,44978	0,001416	0,001086	0,001422	0,001089
	0,0005972	0,44010	0,57187	0,001356	0,001044		
	0,0008001	0,53462	0,70334	0,001496	0,001138		
Cheval ..	0,0006245	0,41454	0,57187	0,001506	0,001092	0,001499	0,001108
	0,0005131	0,34873	0,47496	0,001471	0,001080		
	0,0004606	0,30278	0,40012	0,001521	0,001151		
Cheval ..	0,0005677	0,38722	0,51571	0,001466	0,001100	0,001423	0,001059
	0,0004768	0,33069	0,44978	0,001441	0,001060		
	0,0004057	0,29757	0,39794	0,001363	0,001019		
Chien ...	0,0001593	0,10680	0,14509	0,001491	0,001098	0,001426	0,001049
	0,0005390	0,40121	0,53018	0,001343	0,001001		
	0,0004057	0,28067	0,38722	0,001445	0,001047		
				Moy. p. l'oxyhém. de chien.		0,001426	0,001049
				— — de cheval.		0,001448	0,001085

A l'inspection de ces chiffres, on voit que les grandeurs des deux constantes A_0 et A'_0, présentent des oscillations assez notables. Ces variations ne doivent pas être mises sur le compte de la méthode photométrique; les erreurs possibles dans les déterminations des coefficients d'extinction n'auraient pas produit des oscillations aussi notables. Celles-ci proviennent probablement d'une détermination inexacte des valeurs de c. Comme dans tous les procédés optiques, la préparation du liquide à examiner est sujette à plus de causes d'erreur que l'analyse proprement dite.

En second lieu, je remarque que mes propres résultats présentent, en général, des oscillations beaucoup plus fortes que ceux de v. Noorden. J'attribue cette circonstance à la nature de l'instrument qui a servi à mes déterminations. En vertu même de son principe, il est moins exact que celui de Hüfner; de plus, le modèle que j'avais entre les mains présentait plus d'une défectuosité. Certaines pièces avaient une mobilité très préjudiciable à l'exactitude des déterminations.

L'erreur moyenne de chaque résultat est pour l'hémoglobine de cheval :

$$\text{Pour } A_0 \ldots \ldots \ldots \ldots \quad 0,000059$$
$$\text{Pour } A'_0 \ldots \ldots \ldots \ldots \quad 0,000042$$

Pour l'hémoglobine de chien :

$$\text{Pour } A_0 \ldots \ldots \ldots \ldots \quad 0,000075$$
$$\text{Pour } A'_0 \ldots \ldots \ldots \ldots \quad 0,000048$$

Dans les expériences de v. Noorden, l'erreur moyenne de chaque résultat est :

$$\text{Pour } A_0 \ldots \ldots \ldots \ldots \quad 0,000062$$
$$\text{Pour } A'_0 \ldots \ldots \ldots \ldots \quad 0,000041$$

Il est évident que l'unique série de déterminations que j'ai faite avec de l'hémoglobine de chien, n'est pas suffisante, et je considère ces résultats simplement comme une valeur approchée de A_0 et de A'_0.

Les valeurs obtenues pour l'hémoglobine de cheval méritent plus de confiance, puisque les déterminations sont plus nombreuses, et que l'erreur moyenne de chaque résultat est assez faible. Néanmoins, je me propose de vérifier ces expériences avec le spectrophotomètre de Hüfner.

Ce dernier a fixé, en outre, pour le sang de chien, la valeur des rapports d'absorption de l'hémoglobine dans les deux mêmes régions spectrales (1). Il a trouvé :

$$A_r = 0{,}001091$$
$$A'_r = 0{,}001351$$

Enfin, d'après v. Noorden, les valeurs de A_0 et A'_0 seraient les suivantes, pour le sang de rat et celui de cochon d'Inde :

	A_0	A'_0
Rat...................	0,001491	0,001105
Cochon d'Inde..........	0,001395	0,001027

Les chiffres ainsi obtenus ne sont applicables en pratique que si l'on démontre au préalable : 1° qu'il n'existe pas, au point de vue optique, de différence entre une solution sanguine et une solution d'oxyhémoglobine cristallisée ; 2° que le sang ne contient pas d'autres matières colorantes absorbant la lumière des mêmes régions du spectre.

On a vu plus haut, que lorsqu'une solution ne contient qu'une seule matière colorante, le rapport des coefficients d'extinction, dans deux régions spectrales, est constant et indépendant de la concentration. Il est facile de voir que ce rapport est égal au rapport inverse des valeurs de A dans les deux régions spectrales, puisqu'on a pour une solution de concentration donnée, c :

$$c = A\varepsilon$$
$$c = A'\varepsilon'$$

d'où :
$$A\varepsilon = A'\varepsilon'$$

---

(1) *Zeitsch. f. physiol. Chemie*, III, p. 1, et IV, p. 35.

et :
$$\frac{A}{A'} = \frac{\varepsilon'}{\varepsilon}$$

Or, Hüfner et v. Noorden ont trouvé chez le chien :

Pour des solutions sanguines . . . . $\quad \frac{A_0}{A'_0} = 1,33$

Pour des solutions d'hémoglobine. . . . . $\quad \frac{A_0}{A'_0} = 1,324$

En outre, des déterminations faites par v. Noorden, ont montré que le quotient $\frac{A_0}{A'_0}$ est sensiblement constant d'une espèce animale à l'autre, qu'il s'agisse de dilutions sanguines ou de solutions d'oxyhémoglobine cristallisée. Voici la série des valeurs obtenues jusqu'ici :

$$\frac{A_0}{A'_0}$$

Espèces animales.	Solutions sanguines.	Solutions d'hémoglobine cristallisée.
Chien	1,330	1,324
Rat	1,337	1,349
Cochon d'Inde	1,359	1,357
Hibou	1,311	—
Chat	1,326	—
Homme	1,320	—
Moyennes . . .	1,330	1,343

J'ai fait moi-même, avec le spectrophotomètre de Vierordt, quelques déterminations analogues, et j'ai trouvé dans les mêmes régions spectrales les valeurs suivantes :

$$\frac{A_0}{A'_0}$$

Sang de chien 1,35
—   mouton 1,36
—   porc 1,36
—   veau 1,35

Enfin, dans un travail récent, M. Branly est arrivé à des conclusions identiques, en se servant d'un spectrophotomètre à faisceaux polarisés à angle droit et superposés. « En introduisant deux sangs d'espèce différente dans les cuves prismatiques, on parvient à faire disparaître les franges dans la partie commune des deux spectres, par un déplacement convenable des deux cuves, et elles disparaissent dans toutes les couleurs à la fois ». M. Branly a constaté ce résultat avec les hémoglobines et sangs suivants :

Sang humain sain et à plusieurs états pathologiques ;
Sang de bœuf ;
Sang de chien ;
Hémoglobine de chien ;
Sang de cheval ;
Hémoglobine de cheval ;
Sang de coq ;
Sang de carpe.

Il est donc permis d'admettre que toutes les hémoglobines possèdent le même noyau coloré, et que le noyau albuminoïde (1) seul varie d'une espèce animale à l'autre.

On a vu plus haut, que la concentration d'une solution sanguine s'obtient en multipliant son coefficient d'extinction ε par le rapport d'absorption A, déterminé une fois pour toutes et pour la même région spectrale. L'exactitude du dosage dépend donc d'abord du degré de précision avec lequel on a fixé la valeur de cette constante. C'est actuellement là le point faible de la

---

(1) Voir page 13.

méthode spectrophotométrique, puisque les rapports d'absorption ne sont encore connus avec exactitude que pour le sang de chien et que leur détermination rencontrera, pour certaines hémoglobines, des difficultés faciles à prévoir. Néanmoins, on peut toujours exprimer la richesse relative des sangs analysés par les coefficients d'extinction, qu'il sera possible de transformer plus tard en poids absolus d'hémoglobine. C'est ainsi que Leichtenstern a fait sur l'homme un très grand nombre de dosages, dont les résultats sont exprimés par les coefficients d'extinction du sang dilué au 1/100, et examiné sous une épaisseur de 1 centimètre.

Mais supposons le rapport d'absorption de l'oxyhémoglobine déterminé avec une exactitude suffisante. L'erreur que comporte, dans ce cas, le dosage par voie spectrophotométrique, dépend évidemment du degré de précision avec lequel on mesure le coefficient d'extinction de la solution sanguine, c'est-à-dire l'intensité lumineuse restante. En donnant à l'une des fentes une largeur connue, égale, par exemple, à 100 divisions du tambour, puis s'exerçant à établir l'égalité d'éclairement des deux spectres, on trouve chaque fois, pour l'autre fente, une largeur qui diffère de 100 d'une grandeur représentant l'erreur commise. Je préfère indiquer directement ici les quantités d'hémoglobine fournies successivement par huit mesures photométriques, faites sur une même dilution au 1/200 d'un sang de bœuf et qu'on examine sous une épaisseur de un centimètre. La première colonne indique les intensités lumineuses restantes ; la seconde, les coefficients d'extinction correspondants ; la troisième, les poids d'hémoglobine pour 100 cent. cubes de sang, calculés en posant $A'_0 = 0,001$, comme pour le sang de chien.

I′	ε'_0	h
0,216	0,66555	13,31
0,22	0,65758	13,15
0,223	0,65170	13,03
0.225	0,64782	12,95
0,218	0,66155	13,23
0,22	0,65758	13,05
0,22	0,65758	13,14
0,23	0,63828	12,76
	Moyenne.....	13,07

L'erreur moyenne de chaque résultat est de 0^{gr},16 d'hémoglobine pour 100 cent. cubes de sang, ou de 1^{gr},31 pour 100 gr. de matière colorante. Mais elle devient plus forte si, au lieu de faire des lectures successives sur le même liquide sanguin, on prépare chaque fois une nouvelle dilution, car, à l'erreur de lecture, vient s'ajouter alors celle que comporte forcément la mensuration d'un liquide visqueux comme le sang, et dont les éléments figurés tendent sans cesse à se précipiter.

J'ai préparé successivement avec le même sang de bœuf quatorze dilutions, en ajoutant des quantités variables d'eau à 1 cent. cube de sang à analyser. Les résultats obtenus sont consignés dans le tableau suivant, dont la première colonne indique le volume de liquide auquel on a étendu chaque fois 1 cent. cube de sang ; la seconde, les intensités restantes après passage de la lumière à travers une épaisseur de 1 cent. cube de la solution sanguine ; la troisième, les coefficients d'extinction correspondants ; la quatrième, les quantités d'hémoglobine pour 100 cent. cubes de sang, calculés en posant comme tout à l'heure A′$_0$ = 0,001.

Dilutions.	I'	ϵ'_0	h.
150	0,135	0,86967	13^{gr},04
160	0,150	0,82391	13 ,28
180	0,188	0,72595	13 ,06
200	0,223	0,65170	13 ,03
200	0,220	0,65758	13 ,15
200	0,225	0,64782	12 ,95
200	0,235	0,62894	12 ,57
200	0,218	0,66155	13 ,23
210	0,234	0,63079	12 ,61
220	0,253	0,59688	13 ,13
240	0,270	0,56864	13 ,64
250	0,300	0,52288	13 ,07
275	0,338	0,47109	12 ,95
300	0,372	0,42946	13 ,48

Moyenne..... 13 ,08

L'erreur moyenne de chaque résultat est cette fois de 0^{gr},28 pour 100 cent. cubes de sang, ou 2,25 pour 100 gr. d'hémoglobine. Parmi ces chiffres, quelques-uns concordent d'une façon remarquable ; d'autres, au contraire, présentent des écarts considérables que je rattache en grande partie à certaines défectuosités de l'appareil qui me servait, et sur lesquelles j'ai déjà insisté plus haut. Cependant, si l'on veut faire abstraction du septième et du dernier résultat, qui sont évidemment à rejeter, on voit que les autres présentent un accord remarquable, et que leur erreur moyenne est certainement très faible.

Le dosage de l'hémoglobine par voie spectrophotométrique, est donc susceptible d'une grande exactitude, mais à la condition d'observer rigoureusement certaines précautions que je vais résumer ici.

Il faut repérer avec soin la région spectrale dans laquelle on veut mesurer l'absorption, et maintenir un parallélisme exact entre les bords des écrans mobiles et ceux de la fente du collimateur. Il est bon de vérifier de temps en temps, à l'aide du microscope, l'intégrité des vis micrométriques qui servent à mesurer les intensités lumineuses, en s'assurant qu'à une même indication de deux tambours, correspond réellement une égale largeur des deux fentes.

Il faut que l'œil de l'observateur soit placé bien en face de l'oculaire, de telle façon que l'on aperçoive une hauteur égale des deux spectres, et déplacer la lunette oculaire jusqu'à ce que la ligne qui les sépare apparaisse nettement. En outre, pour une même indication des deux tambours, les deux spectres doivent être identiques, sinon il faut déplacer la lampe, afin qu'elle éclaire également les deux fentes.

Les liquides examinés doivent être absolument limpides, ainsi que les parois de la cuve et le cube en flint. Le moindre louche absorbe des quantités notables de lumière et fausse absolument les résultats.

Il est indispensable de choisir un éclairement tel que les intensités lumineuses ne soient pas trop fortes. La comparaison des deux spectres doit se faire rapidement en fermant et en ouvrant alternativement l'œil placé devant l'oculaire, après chaque déplacement de la vis. Si on fixe le champ lumineux même pendant un temps assez court, la rétine se fatigue et la sensibilité diminue aussitôt.

Les résultats ainsi obtenus sont-ils comparables à ceux que fournissent les autres procédés ? Comme mes déterminations ont presque toutes porté sur du sang de bœuf pour lequel le rapport d'absorption A'_0 n'est pas déterminé, il m'était difficile de transformer les coefficients d'extinction obtenus en poids d'hémoglobine exacts en valeur absolue. Si on adopte pour le sang de bœuf, le coefficient 0,001 trouvé par Hüfner pour l'oxyhémoglobine de chien, on trouve des résultats notablement inférieurs à ceux que fournit un dosage comparatif de fer. C'est ce qui ressort nettement du tableau suivant, dans lequel la première colonne indique les coefficients d'extinction d'une série de sangs de bœufs dilués au 1/200 ; la deuxième, les quantités d'hémoglobine p. 100 calculées à l'aide du rapport d'absorption $A'_0 = 0,001$ et la troisième, les poids de matière colorante déterminés par dosage du fer, dans 100 cent. cubes de sang.

Les résultats fournis par le spectrophotomètre sont tous trop faibles, ce qui tient évidemment à une erreur par défaut du rapport d'absorption adopté.

Mais les résultats consignés dans ce tableau permettent de calculer au moins une valeur approchée de la constante d'absorption de l'hémoglobine du sang de bœuf. Il suffit, pour cela, de diviser la somme des coefficients d'extinction par la somme des poids d'hémoglobine contenus chaque fois dans un centimètre cube du liquide examiné au spectroscope. Comme le sang a été dilué au 1/200, cette somme est égale à :

$$\frac{124{,}03}{100 \times 200} = 0^{gr}{,}0062015$$

La somme des coefficients d'extinction est, d'autre part, 5,55137.
On aura donc :

$$A'_0 = \frac{0{,}0062015}{5{,}55137} = 0{,}001135$$

Si on transforme successivement en hémoglobine les coefficients d'extinction de la première colonne, à l'aide de cette valeur de A'_0, on devra trouver des poids de matière colorante se rapprochant sensiblement des résultats fournis par le dosage du fer. La quatrième colonne du tableau indique donc les poids d'hémoglobine obtenus en posant $A'_0 = 0{,}001135$.

Tableau VIII.

Coefficients d'extinction.	Hémoglobine de 100^{cc} de sang $A'_0 = 0,001$	Hémoglobine de 100^{cc} de sang. Fer.	Hémoglobine de 100^{cc} de sang. $A'_0 = 0,001135$
0,61979	12,39	13,94	13,84
0,58839	11,76	13,54	13,14
0,60033	12,00	13,78	13,41
0,62343	12,46	13,77	13,93
0,53018	10,60	11,92	11,84
0,39794	6,95	8,93	8,88
0,52433	10,48	10,92	11,71
0,50032	10,00	10,49	11,17
0,46679	9,73	11,43	10,87
0,67986	13,59	15,31	15,18
Total. 5,55137	Total.... 124,03		

Ici encore on observe pour certains résultats, une concordance remarquable, pour d'autres, au contraire, des écarts notables qui doivent être rattachés, d'une part, aux incertitudes des déterminations de fer; de l'autre, à des défectuosités de l'appareil employé et à des variations brusques dans les conditions expérimentales.

Dosage simultané de l'oxyhémoglobine et de l'hémoglobine. — On a vu plus haut que la méthode spectrophotométrique permet de doser simultanément, dans le même liquide, deux matières colorantes, à condition que l'on ait dé-

terminé d'avance, dans deux régions spectrales différentes, les rapports
d'absorption de chacune d'elles. Il suffit alors de prendre les coefficients
d'extinction du mélange dans les deux régions et d'appliquer la formule
qui a été posée page 127. Hüfner a fait servir ces données au dosage simultané de l'hémoglobine et de l'oxyhémoglobine dans le sang de chien.

La marche à suivre est celle-ci : Le sang est aspiré directement de la veine
dans une seringue, puis introduit dans un tube rempli de mercure et défibriné à l'abri de l'air par l'agitation. Un volume connu de ce liquide doit être
dilué ensuite avec de l'eau exempte d'oxygène, afin de pouvoir servir à
l'examen photométrique, puis porté au spectroscope à l'abri du contact de
l'air. Il serait trop long de décrire ici tous les détails d'une semblable opération (1). Je me contente donc de dire qu'on se sert d'un appareil à boule de
forme spéciale (fig. V): L'espace n est rempli d'eau purgée d'air ; le volume
m compris entre les deux robinets reçoit, au contraire, le sang défibriné.
Toutes ces manœuvres se font à l'abri de l'air. En ouvrant le robinet b, on
opère le mélange des deux liquides, puis on vide l'espace m et on le balaye
d'un courant d'hydrogène qui entre en f et sort en β ; un deuxième courant
pénètre en δ et sort en g. En outre l'hydrogène, au sortir de β, passe dans
une cuve de Schultz, de forme spéciale, qui peut être hermétiquement close
et dont on chasse ainsi tout l'air atmosphérique. Lorsqu'on juge que toutes
les voies sont privées d'oxygène, on donne aux robinets une position convenable et on fait passer le liquide dans la cuve qui est ensuite portée au spectroscope. Il ne reste plus alors qu'à déterminer les coefficients d'extinction dans
deux régions spectrales.

Les volumes m et n ont été exactement jaugés à l'aide du mercure, ce qui
fait qu'on connaît le degré de dilution qu'a subi le sang. Désignons par :

A_o et A'_o les rapports d'absorption de l'oxyhémoglobine dans deux régions spectrales.

A_r et A'_r ceux de l'hémoglobine dans les mêmes régions.

E et E', les coefficients d'extinction du liquide sanguin.

v, le volume $m + n$.

Les poids d'hémoglobine h_r et d'oxyhémoglobine h_o pour 100 cent. cubes
de sang seront donnés par les formules suivantes :

____

(1) *Zeitsch. f. physiol. Chemie*, III. p. 1.

$$h_{\mathrm{r}} = \frac{v \times 100}{m} \cdot \frac{\mathrm{A_r\, A'_r\, (E'A'_o - EA_o)}}{\mathrm{A'_o A_r - A_o A'_r}}$$

$$h_{\mathrm{o}} = \frac{v \times 100}{m} \cdot \frac{\mathrm{A_o A'_o\, (EA_r - E'A'_r)}}{\mathrm{A'_o A_r - A_o A'_r}}$$

Ce double dosage peut être contrôlé facilement en agitant à l'air le liquide sanguin de façon à oxyder toute la matière colorante, puis déterminant au spectrophotomètre sa richessse en oxyhémoglobine, H_o. On devra trouver évidemment :

$$\mathrm{H_o} = h_o + h_r$$

J'ai fait ainsi sur du sang de bœuf quelques dosages simultanés des deux matières colorantes en me servant, pour opérer la dilution, d'un appareil à peu près semblable à celui de Hüfner. Mais comme je tenais simplement à m'assurer de la possibilité de cette double détermination, je n'ai pris aucune précaution spéciale pour préserver le sang du contact de l'air, avant son introduction dans l'appareil à boule. Je me suis contenté de remplir de sang l'espace m, et de l'y abandonner à lui-même pendant un certain temps, afin de provoquer la réduction d'une partie de l'oxyhémoglobine.

Voici quelles étaient, dans une de mes expériences, les valeurs des différentes grandeurs qui entrent dans les deux équations.

$$
\begin{aligned}
m &= 1^{cc},4919 \\
n &= 275\ ,245 \\
v &= 276\ ,9169 \\
E &= 0\ ,65758 \quad \text{— région D 32 E — D 53 E} \\
E' &= 0\ ,56067 \quad \text{— région D 63 E — D 84 E}
\end{aligned}
$$

De plus, Hüfner a établi, pour les rapports d'absorption, les valeurs suivantes :

Pour la région D 32 E — D 53 E,

$$
\begin{aligned}
\text{oxyhémoglobine,} \quad & \mathrm{A_o} = 0{,}001330 \\
\text{hémoglobine,} \quad & \mathrm{A_r} = 0{,}001091
\end{aligned}
$$

Pour la région D 63 E — D 84 E,

$$\text{oxyhémoglobine,} \quad A'_o = 0,001$$
$$\text{hémoglobine,} \quad A'_r = 0,001351$$

Ces données permettent de calculer :

$$h_r = 11^{gr},79 \text{ p. 100 cent. cubes de sang.}$$
$$h_o = 1\ ,26 \quad — \quad —$$
$$h_r + h_o = 13\ ,05 \quad — \quad —$$

On agite le liquide à l'air et on détermine son coefficient d'extinction ε'_o dans la deuxième région.

On a évidemment :

$$H_o = \frac{v \times 100}{m} \cdot A'_o \ \varepsilon'_o$$

Or le coefficient d'extinction trouvé est de :

$$\varepsilon'_o = 0,68825$$

Donc :

$$H_o = 12^{gr},77 \text{ pour 100 cent. cubes de sang.}$$

Dans une seconde opération, qui a porté sur le même sang, on trouve :

$$E = 0,60555$$
$$E' = 0,58005$$

Ce qui donne, pour h_o et h_r, les valeurs suivantes :

$$h_r = 8^{gr},74 \text{ pour 100 cent. cubes de sang}$$
$$h_o = 4\ ,30 \quad — \quad —$$
$$h_r + h_o = 13\ ,04 \quad — \quad —$$

La solution agitée à l'air fournit pour ϵ'_0 :

$$\epsilon'_0 = 0,69251$$

D'où : $\qquad\qquad H_0 = 12,85$

Voici enfin quelques chiffres empruntés à Hüfner :

$h_0 + h_\mathrm{r}$	H_0
17^{gr},11	17^{gr},20
17 ,43	17 ,83
16 ,39	16 ,41
15 ,32	15 ,29

La méthode spectrophotométrique permet donc de résoudre un problème qui paraît, à première vue, insoluble, à savoir le dosage simultané des deux matières colorantes du sang.

Si l'on sait avec exactitude combien l'unité de poids d'hémoglobine fixe d'oxygène, on pourra, de la quantité d'oxyhémoglobine trouvée dans un sang, conclure au volume d'oxygène qu'il contient. C'est précisément dans le but de permettre ce calcul et de rendre inutile ainsi les déterminations de ce gaz, que Hüfner a entrepris des recherches si nombreuses sur *l'équivalent en oxygène* de l'hémoglobine. Cette constante est-elle déterminée avec une exactitude suffisante ? C'est là une question qui a été longuement traitée ailleurs, et sur laquelle je ne veux pas revenir ici. Quoi qu'il en soit, on peut à l'aide du spectrophotomètre suivre dans leur transformation réciproque les deux matières colorantes du sang, et ainsi se faire une idée de l'intensité relative des phénomènes d'oxydation d'un point à un autre du système circulatoire. Certes ces déterminations sont difficiles et délicates, mais elles permettent d'aborder une foule de problèmes du plus haut intérêt physiologique et pour lesquels l'analyse chimique nous laisse absolument en défaut. « Si l'on veut, dit Hüfner (1), suivre le sang dans son parcours à travers les organes, et déterminer la quantité d'oxygène qu'ils consomment quand ils

---

(1) *Journal f. praktische Chemie* **XXII, 1880.**

sont au repos ou en activité, quel procédé permettrait d'atteindre aussi facilement et aussi exactement le but désiré, qu'une comparaison par voie spectrophotométrique du sang d'arrivée et du sang de retour. »

La méthode de Vierordt, qui se prête donc en physiologie aux applications les plus variées et les plus intéressantes, peut également servir aux analyses cliniques, grâce à la faible quantité de sang nécessaire au dosage.

C'est ainsi que Wiskemann, et surtout Leichtenstern ont exécuté avec l'appareil de Vierordt un grand nombre de déterminations d'hémoglobine chez l'homme sain et malade. Néanmoins, je crois, que ce procédé en raison des précautions minutieuses et de la grande habileté qu'il exige, ne sera que rarement appliqué en clinique.

§ II. — Spectrophotomètre de Hüfner.

On peut faire à la méthode, d'ailleurs si remarquable, de Vierordt, ce reproche fondé que le rétrécissement unilatéral de la fente ne diminue pas seulement l'intensité lumineuse, mais altère aussi le ton de la couleur, circonstance qui rend souvent difficile la comparaison des deux spectres. Cette considération a conduit Hüfner (1) à construire un nouveau spectrophotomètre fondé sur l'emploi de la lumière polarisée, dont l'affaiblissement peut s'obtenir dans une proportion exacte et à chaque instant connue, par la rotation d'un nicol. Dans ces conditions, la couleur de la région spectrale observée reste parfaitement pure.

Les modifications essentielles de l'appareil sont les suivantes :

La lunette oculaire est munie, au point de croisement des fils du réticule, des écrans mobiles de Vierordt, mais avec cette particularité que lorsque leurs bords découpent dans le spectre une bande d'une largeur donnée, on peut les fixer dans cette position et déplacer alors le système entier tout d'une pièce. La situation occupée par la fente lumineuse peut être lue à l'aide d'une graduation.

Aux lentilles oculaires fait suite un tube assez long qui contient, en allant

____

(1) *Journal f. prakt. Chemie* XVI, 1877, p. 291

du prisme de l'appareil à l'œil de l'observateur : 1° la lentille objective ; 2° un nicol dont la position sur l'axe du tube est fixe, mais qui est mobile autour de cet axe à l'aide d'une alidade. La rotation du nicol est lue sur un cercle gradué muni d'un vernier qui permet la lecture du dixième de degré.

Le collimateur présente en avant de la fente un dispositif spécial dont la fig. VI est la représentation schématique, sous forme d'une coupe verticale prenant par l'axe du collimateur. L'espace ff' représente la fente qui livre passage aux rayons lumineux ; B, B' est une sorte de boîte fixée en avant de la fente et contenant deux miroirs, l'un M métallique, l'autre M' formé par une glace noire, et tous deux placés par rapport à l'axe du collimateur sous l'angle de polarisation pour le verre.

Enfin P est un prisme en verre fumé dont l'angle est très aigu et l'arête verticale, et qui se déplace horizontalement devant la fente. Sa coupe par le plan de la figure est un rectangle plus ou moins large suivant la position qu'il occupe devant le collimateur.

La marche des rayons lumineux est la suivante : Soient o, o', o'' un faisceau de rayons lumineux venant tomber sur la fente de droite à gauche, parallèlement à l'axe du collimateur. Supposons un instant le prisme suffisamment déplacé dans le sens horizontal pour qu'il cesse d'être atteint par le plan de la figure. Des rayons tels que o, o' pénètrent alors librement par la fente ; o'' au contraire, tombant sur le miroir, est réfléchi sur M' qui l'envoie dans l'appareil complètement polarisé, mais sensiblement affaibli. Si on regarde dans le collimateur de gauche à droite, on aperçoit l'image de la fente divisée en deux moitiés contiguës, mais inégalement éclairées, l'une inférieure, plus sombre due à la lumière polarisée, l'autre supérieure plus éclairée, se rapportant à la lumière ordinaire.

Avant de pouvoir procéder à une mesure photométrique, il est indispensable de donner une égale intensité aux deux moitiés de la bande lumineuse sur laquelle doit porter l'observation. Cette égalité préalable s'obtient à l'aide du prisme compensateur P. Il se compose d'une lame de verre d'épaisseur uniforme constituée par l'accolement de deux prismes, l'un en flint, l'autre en verre fumé. Celui-ci n'est jamais totalement incolore ; aussi absorbe-t-il inégalement les différentes couleurs du spectre. De là la nécessité d'amener devant la fente des épaisseurs de verre fumé variables, selon la région où l'on veut produire l'égalité préalable des deux spectres.

Il est bon de remarquer qu'il n'est pas nécessaire du tout de connaître le pouvoir absorbant des diverses parties de ce prisme, et que cette pièce n'a absolument rien de commun avec les verres fumés de Vierordt.

EMPLOI DE L'APPAREIL. — Si une solution colorée quelconque placée devant l'une des moitiés de la fente, assombrit l'un des spectres, il suffit pour mesurer cette absorption de faire tourner le nicol jusqu'à ce que les deux champs apparaissent également éclairés. On sait que l'intensité d'un rayon lumineux polarisé varie proportionnellement au carré du cosinus de l'angle de rotation. Donc l'intensité lumineuse restante est :

$$I' = \cos^2\varphi,$$

φ étant l'angle dont on aura fait tourner le nicol pour obtenir l'égalité de teinte. Donc si l'épaisseur du milieu observé est de 1 centimètre, le coefficient d'extinction sera pour un angle $\varphi = 52°$:

$$
\begin{aligned}
\varepsilon &= -\log I'. \\
&= -2 \log \cos 52°. \\
&= -(0{,}57868\text{-}1). \\
&= 0{,}42132.
\end{aligned}
$$

Quelques précautions spéciales sont à observer dans l'emploi de cet appareil. Les miroirs sont placés par rapport à l'axe sous l'angle de polarisation ; il est donc nécessaire que les rayons lumineux arrivent tous sous cet angle pour qu'ils soient polarisés. A cet effet, la lampe est entourée d'une cheminée à laquelle s'adapte, en face de la partie la plus lumineuse de la flamme, un tube portant une lentille. La source lumineuse étant placée au foyer, les rayons pénètrent dans le collimateur sous forme d'un faisceau parallèle à l'axe.

En outre, un coup d'œil jeté sur la figure montre que deux rayons tels que o' et o'', voisins avant leur entrée dans l'appareil, se trouvent séparés dans le collimateur. Cette circonstance facilite singulièrement l'installation de la cuve d'absorption devant le spectroscope. On sait combien il est impor-

tant, dans l'emploi de l'appareil de Vierordt, de faire coïncider exactement la
surface horizontale du cube en flint avec la ligne de séparation des deux
spectres. Ici, au contraire, on a un certain jeu, et la face supérieure du cube
peut se trouver indifféremment un peu plus haut ou plus bas. Enfin elle produit dans le spectre l'apparition d'une bande noire qui gène la comparaison
des teintes. Dans l'appareil de Hüfner, au contraire, la limite de séparation
des deux spectres est constituée par le bord inférieur tranchant du miroir
M' dont l'image est une ligne mince et d'une grande netteté.

Il est possible que le nicol ne soit pas installé exactement au zéro. Il est
donc prudent de faire toujours deux lectures dans deux cadrans différents et
d'en prendre la moyenne.

Hüfner a modifié récemment son instrument (1) de la façon suivante : les
rayons polarisés au moyen d'un nicol sont envoyés dans le collimateur par
un prisme à réflexion totale. De plus, le nicol mobile est placé entre le prisme
et le collimateur, et l'appareil est transformé en un spectroscope à vision directe. L'orientation dans le spectre se fait à l'aide des écrans mobiles et d'une
graduation spéciale.

M. le professeur Ritter a bien voulu, à l'occasion de ce travail, faire l'acquisition de l'instrument ainsi modifié. Malheureusement sa construction a
subi des retards considérables, et ce n'est qu'au moment de mettre sous
presse que je reçois enfin l'appareil. Le temps me manque donc absolument
pour soumettre à un examen sérieux un instrument d'un emploi aussi délicat. Néanmoins, je puis dire que sa construction révèle un soin extrême et
permet de compter sur des résultats plus exacts et surtout plus constants
que ceux du spectroscope de Vierordt.

On a proposé encore plusieurs autres spectrophotomètres fondés, comme
celui de Hüfner, sur l'emploi de la lumière polarisée. Mais je ne puis entrer
ici dans les détails de leur construction et de leur emploi (2).

---

(1) Cet appareil est construit par l'opticien Abrecht, de Tübingen.

(2) Voir pour le spectrophotomètre de Glahn, et en général pour tout ce qui a trait à l'analyse
spectrale qualitative et quantitative, l'excellent manuel de H. W. Vogel, *Praktische Spectralanalyse
irdischer Stoffe*, Noerdlingen, 1877, et Branly, *Dosages de l'hémoglobine par les procédés optiques*, Th.,
Paris, 1882.

TROISIÈME PARTIE

DISCUSSION DES RÉSULTATS

ET CONCLUSIONS

Les procédés de dosage qui viennent d'être exposés ont été successivement l'objet d'une étude particulière dans laquelle j'ai examiné le principe de chacun d'eux, le manuel opératoire, la limite des erreurs et les applications possibles en clinique et en physiologie. Parmi ces procédés, les uns ont donné des résultats satisfaisants ; les autres, au contraire, ont dû être rejetés immédiatement, tant à cause de l'incertitude de leur point de départ, que des erreurs considérables que comporte leur application pratique.

Mais il ne suffit pas de s'assurer qu'un procédé de dosage donne, dans une série d'analyses, des résultats concordants. Les méthodes employées sont ordinairement si différentes dans leur principe, dans leur manuel opératoire et, en général, dans les conditions de leur application pratique, que deux procédés également exacts et dont les indications devraient théoriquement concorder, peuvent très bien fournir en pratique des résultats dissemblables. Il suffit qu'ils comportent, l'un et l'autre, une erreur constante, ce qui arrive souvent, et que cette erreur se produise en sens contraire dans les deux procédés, pour que les résultats obtenus de part et d'autre présentent aussitôt des différences notables et cessent, par suite, d'être comparables entre eux. Il était donc nécessaire de compléter l'étude isolée de chacun des procédés, par un travail de comparaison et de contrôle.

J'ai dit tout à l'heure que, parmi les procédés qui ont été exposés, plusieurs ont dû être immédiatement écartés. De ce nombre, sont d'abord tous ceux dont le point de départ est fourni par une numération de globules. Je partage sous ce rapport l'avis de M. Regnard, qui dit « manquer d'enthousiasme, pour des procédés où l'on agit sur des cent millièmes de millimètre cube en commençant l'expérience, pour ne plus parler que par millions quand elle est faite, où l'on multiplie les causes d'erreur par des nombres de six chiffres, et où une erreur de quelques centaines de mille passe pour péché véniel et faute sans conséquence ». Du reste, Malassez, Soerensen, Guérard (1), ont montré combien sont nombreuses les causes qui, à l'état physiologique, peuvent faire varier, dans un espace de temps très court et dans des limites considérables, les résultats d'une numération.

Enfin, rien ne prouve que le globule physiologique est une unité d'une puissance colorante constante. Les recherches entreprises jusqu'ici sont encore trop incomplètes, pour qu'on puisse affirmer qu'il existe, à l'état normal, une relation fixe entre la richesse globulaire et la puissance colorante d'un sang. Il est également impossible d'admettre qu'à l'état physiologique, la richesse du sang en hémoglobine est assez constante pour qu'elle puisse servir de point de départ à la graduation d'un appareil colorimétrique. En effet, les déterminations de Becquerel et Rodier permettent de calculer qu'à l'état normal, 100 gr. de sang contiennent les quantités suivantes d'hémoglobine :

	Maximum.	Minimum.
Homme.	$15^{gr},07$	$12^{gr},09$
Femme.	13 ,69	11 ,57

Il est donc permis de conclure que tous les procédés de dosage dont le point de départ est fourni par une numération de globules, ou par la puissance colorante d'un sang « normal », donnent des résultats incertains qu'il est impossible de comparer entre eux. Je crois que, pour acquérir des con-

---

(1) Thèse de Nancy, 1879.

naissances exactes et réellement utiles sur la richesse du sang en hémoglobine, tant en physiologie qu'en clinique, il faut renoncer résolument à tous les procédés dont le point de départ est incertain, et dont les résultats ne représentent pas un poids absolu d'hémoglobine ou d'oxygène absorbé.

J'ajouterai que la plupart des auteurs ont voulu rendre leur procédé trop rapide, trop *clinique* et qu'ils opèrent sur des quantités de sang si minimes que la moindre erreur, le plus petit défaut de graduation se multiplie par un chiffre considérable; et que, dans beaucoup de cas, l'erreur peut dépasser la valeur des variations qui font le but des recherches. Il vaudrait mieux opérer sur 1 à 2 gr. de sang qu'il est toujours facile de se procurer à l'aide d'une ventouse. On ferait moins d'expériences, mais elles seraient plus exactes et les résultats n'auraient pas trop à souffrir de la rapidité et de la commodité des dosages.

C'est pour ces raisons que je ne saurais recommander l'emploi des procédés de Worm-Müller, Bizzozero, de Welker, Hayem, Quincke, Mantegazza. Certes, l'habitude élimine peu à peu une partie des causes d'erreur, mais quel intérêt peuvent présenter des résultats n'exprimant que des grandeurs relatives qu'il est impossible de comparer entre elles, d'un appareil à l'autre, souvent même d'un observateur à l'autre pour le même appareil?

Tous les autres procédés fournissent, au contraire, directement, soit des poids d'hémoglobine, soit des quantités d'oxygène absorbé, et les chiffres obtenus sont théoriquement comparables les uns aux autres. Mais j'ai dû renoncer successivement à l'emploi d'un grand nombre d'entre eux, pour n'en retenir que quelques-uns qui ont fait l'objet d'une étude plus approfondie.

Ainsi, il m'a été impossible de me servir de l'appareil de M. Malassez. Son hémochromomètre constitue certainement, comme disposition générale, la tentative la plus heureuse qui ait été faite pour appliquer au dosage rapide de l'hémoglobine, les propriétés optiques du picro-carminate d'ammoniaque. Le point de départ de la graduation, quoique établi par un nombre d'expériences tout à fait insuffisant (une seule détermination d'oxygène!), doit être considéré comme exact en principe. Les expériences de MM. Jolyet et Laffont, qui ont été confirmées dans le courant de ce travail (1), établissent d'une façon bien évidente que la puissance colorante d'un sang peut servir de mesure de sa capacité respiratoire.

Malheureusement l'altération du picro-carminate qui paraît être inévitable au bout d'un certain temps et qui, surtout, peut se produire lentement et à l'insu de l'observateur, enlève à ce procédé une grande partie de sa valeur. Une semblable altération s'était produite probablement dans l'appareil que j'avais à ma disposition, si bien que j'ai dû le laisser complètement de côté.

Le procédé de Hoppe-Seyler, modifié par Rajewski, peut certainement fournir des résultats très exacts ; mais comme il exige de temps en temps la préparation de solutions titrées d'hémoglobine, il est difficilement applicable d'une façon courante, même dans un laboratoire, et son usage clinique est tout à fait impossible.

Le procédé de Lesser, fondé sur la mesure de la largeur des bandes d'absorption, ne constitue évidemment qu'un moyen de dosage approximatif; il exige de plus un appareil instrumental assez compliqué, qui m'en a fait rejeter l'emploi.

Enfin, parmi les procédés chimiques, j'ai écarté immédiatement celui de Brozeit basé sur un dosage long et incertain de l'hématine et le procédé décolorimétrique de M. Quinquaud, auquel certaines particularités de l'action du chlore sur le sang me semblent enlever une grande partie de sa valeur (2).

Je restais donc en présence des procédés suivants:

1° Dosage par le fer ;

2° Dosage par l'oxygène absorbé ;

3° Procédé colorimétrique de Jolyet et Laffont (colorimètre Duboscq) ;

4° Procédé spectroscopique de Preyer ;

5° Procédé spectrophotométrique de Vierordt.

Il est évident que je n'entends pas présenter ici le dosage de l'hémoglobine par le fer, comme un procédé d'une application courante. Je m'en suis servi simplement pour contrôler les indications des quatre autres méthodes

---

(1) Voir page 78.

(2) Voir page 69.

qui viennent d'être citées. Celles-ci ont été longuement étudiées dans le courant de ce travail et leurs limites d'erreur déterminées avec soin. Il ne me reste donc plus qu'à donner ici les résultats d'une série de dosage comparatifs exécutés à l'aide de ces quatre procédés sur du sang de bœuf défibriné.

Le dosage de l'oxygène a été fait par le procédé de Schützenberger, et les résultats obtenus ont été transformés en poids d'hémoglobine à l'aide de la constante 1,89 dont la valeur a été établie (page 63) par des dosages comparatifs d'oxygène et de fer. J'ai indiqué, à ce propos, que cette transformation n'est qu'approximative puisqu'on ne connaît pas encore exactement la quantité d'oxygène fixée par 1 gr. d'hémoglobine et que le chiffre 1,89 ne représente qu'une valeur approchée et probablement trop forte de cette quantité.

Le procédé colorimétrique de Jolyet et Laffont, et le procédé spectroscopique de Preyer fournissent, au contraire, directement le poids de matière colorante contenue dans le sang, grâce à des déterminations préalables faites avec des solutions titrées d'hémoglobine.

Quant aux coefficients d'extinction trouvés au spectrophotomètre, ils sont transformés en poids d'hémoglobine à l'aide du rapport d'absorption $A'_0 = 0,001135$, établi par une série de dosages de fer dans du sang de bœuf ; j'ai montré (page 144) que cette valeur n'est, évidemment, qu'approximative.

Les quantités d'hémoglobine sont, comme toujours, rapportées à 100 cent. cubes de sang.

Dosage par le fer.	Dosage par l'oxygène.	Procédé de Preyer.	Colorimètre Duboscq.	Spectrophot. de Vierordt.
$13^{gr},94$	$14^{gr},20$	$14^{gr},30$	$14^{gr},02$	$13^{gr},84$
13 ,54	—	13 ,37	13 ,24	13 ,14
13 ,78	13 ,40	13 ,00	13 ,24	13 ,41
13 ,77	13 ,49	13 ,00	13 ,45	13 ,93
11 ,92	12 ,67	11 ,46	12 ,27	11 ,84
8 ,93	8 ,83	7 ,86	8 ,92	8 ,88
10 ,82	11 ,83	12 ,34	11 ,82	11 ,71
10 ,49	10 ,62	10 ,95	10 ,44	11 ,17
11 ,43	—	10 ,69	11 ,41	10 ,87
15 ,31	—	15 ,13	15 ,20	15 ,18

On voit que ces résultats présentent des écarts assez notables, mais, en se reportant à l'étude des divers procédés, on voit que la limite des erreurs établies pour chacun d'eux devait faire prévoir des différences assez sensibles. Il ne faut pas oublier que le dosage du fer comporte facilement une erreur de $0^{gr},30$ d'hémoglobine pour 100 gr., et que la valeur de A_0' n'a pu être établie qu'indirectement à l'aide de déterminations de fer. Je regrette de n'avoir pu faire porter ces analyses sur du sang de chien pour lequel la constante A_0' a été fixée avec exactitude par Hüfner. D'autre part, les résultats fournis par les dosages d'oxygène devaient nécessairement présenter des écarts si l'on se rappelle les oscillations des valeurs dont la constante 1,89 est la moyenne. Cependant plusieurs de ces chiffres présentent un accord remarquable, étant données la diversité des méthodes employées et la difficulté d'opérer sur des échantillons identiques ; je crois qu'on peut en conclure que les résultats fournis par le dosage du fer et de l'oxygène d'une part, le colorimètre Duboscq et le spectrophotomètre de l'autre, sont sensiblement comparables entre eux, et qu'on obtiendra des résultats plus concordants encore lorsque la valeur de la constante d'absorption 1,89 pour le dosage d'oxygène, celle du rapport d'absorption A_0' pour le spectrophotomètre auront été déterminés avec plus d'exactitude.

Le procédé de Preyer, contrairement à toutes mes prévisions, a donné des résultats qui concordent d'une façon vraiment remarquable avec les chiffres fournis par les autres procédés. Je crois néanmoins que cette méthode expose à des erreurs considérables, comme le montrent plusieurs séries d'essais cités page 95, et je lui préfère de beaucoup le colorimètre de Duboscq dont l'emploi est plus simple et les résultats plus constants.

Finalement, les procédés que je crois devoir recommander d'une façon spéciale sont :

1° La détermination de la capacité respiratoire par l'hydrosulfite de soude.

2° Le dosage colorimétrique à l'aide de l'appareil de Duboscq.

3° Le dosage spectrophotométrique.

1° Les résultats fournis par cette méthode ne peuvent pas être transformés exactement, du moins à l'heure qu'il est, en poids absolus d'hémoglobine. Mais ils n'en sont pas moins du plus grand intérêt, puisqu'ils nous renseignent sur la vraie valeur physiologique d'un sang. L'appareil instrumental est, comme on l'a vu, assez compliqué; en outre, la nécessité de préparer des liqueurs titrées altérables rend difficile l'emploi du procédé en dehors d'un laboratoire. Néanmoins, comme il n'exige qu'une petite quantité de sang, 2 à 3 cent. cubes, il peut être employé pour des dosages cliniques, comme le démontrent amplement les nombreux résultats réunis par M. Quinquaud. Enfin, son exactitude est suffisante pour la plupart des recherches physiologiques.

2° Le colorimètre de Duboscq est d'un maniement simple et commode. La seule difficulté réside dans la détermination de la valeur en hémoglobine ou en oxygène de l'étalon coloré. Mais cette connaissance une fois acquise, on a l'avantage considérable de posséder un point de comparaison d'une fixité absolue.

Les quantités de sang dont on dispose dans les recherches physiologiques permettent certainement de faire avec cet appareil des dosages très exacts. Avec 1 à 3 cent. cubes de sang, on peut préparer plusieurs dilutions et obtenir ainsi des résultats très convenables.

En outre, j'ai montré que cet instrument pouvait servir également en clinique, si l'on rétrécit l'un des godets du colorimètre, afin de pouvoir opérer sur un volume total de liquide plus petit, et par suite sur une quantité de sang plus faible ; dans ces conditions, $0^{cc},05$ de sang suffisent au dosage.

Enfin si l'on a déterminé par une série d'essais (1) la valeur en oxygène du verre étalon, on pourra à l'aide de cet appareil déterminer par un simple essai colorimétrique la capacité respiratoire du sang.

Mais il faut se souvenir ici que dans quelques états pathologiques, ou sous l'influence de certaines substances, le sang peut perdre en partie son pouvoir absorbant sans être altéré dans sa couleur ; dans ces conditions, le colorimètre indique toujours une épaisseur et par suite une capacité respiratoire normale, alors qu'un dosage direct par l'hydrosulfite montre que la quantité d'oxygène fixée a notablement diminué. Ces deux procédés, employés en même temps, se contrôlent donc réciproquement, et permettent une étude parallèle de la capacité respiratoire du sang et de la puissance colorante.

3° Le procédé de Vierordt fournit d'abord d'une façon générale des renseignements exacts sur le spectre d'absorption du liquide sanguin.

Il permet en outre d'affirmer l'intendité optique des différentes hémoglobines et de déceler à côté de la matière colorante du sang d'autres produits colorés, même ceux qui ne présentent pas de bande d'absorption.

Les coefficients d'extinction obtenus à l'aide des intensités lumineuses restantes expriment des richesses relatives d'hémoglobine, qui peuvent être traduites en poids absolus sitôt que l'on connaît le rapport d'absorption A : Hüfner a déterminé ce rapport avec une grande exactitude pour l'oxyhémoglobine et l'hémoglobine du chien dans deux régions spectrales différentes. Ces données permettent de doser côte à côte, dans un même sang, les deux matières colorantes et de se faire ainsi une idée de l'intensité relative des phénomènes d'oxydation dans deux territoires vasculaires donnés.

____

(1) Voir page 79.

Comme une dilution considérable est nécessaire, des quantités minimes de sang, de $0^{cc},02$ à $0^{cc},05$ suffisent au dosage ; néanmoins, en raison des précautions minutieuses et de la grande habileté qu'elle exige, je doute que la méthode spectrophotométrique puisse être employée souvent en clinique.

Je la crois, au contraire, appelée à un grand avenir dans les recherches physiologiques où elle permet d'aborder d'une façon générale l'analyse qualitative et quantitative de tous les liquides colorés de l'organisme.

Qu'il me soit permis, en terminant, d'exprimer toute ma reconnaissance à M. le professeur Ritter, qui m'a suggéré le sujet de ce travail, et qui m'a, pendant plusieurs années, instruit et guidé avec tant de bienveillance dans mes études chimiques.

Je dois, en outre, remercier M. le professeur Beaunis et M. le professeur agrégé Garnier, des excellents conseils qu'ils m'ont donnés dans le cours de ce travail ; je garde un très reconnaissant souvenir du bienveillant accueil que j'ai toujours reçu d'eux.

CONCLUSIONS

Les conclusions qui ressortent de ce travail sont les suivantes :

1° Un certain nombre de procédés de dosage de l'hémoglobine, dont le point de départ est donné, soit par la numération des globules, soit par la puissance colorante d'un sang normal, doivent être absolument rejetés. Les résultats qu'ils fournissent n'expriment que des valeurs relatives d'hémoglobine, et sont difficilement comparables entre eux d'un appareil à l'autre, et même pour un appareil donné d'un observateur à l'autre.

En outre, la quantité de sang sur laquelle on opère dans presque tous ces procédés, est si minime, que les moindres erreurs d'analyse, le plus petit défaut de graduation, se trouvent multipliés par un chiffre considérable et doivent dépasser, dans bien des cas, la valeur des variations qu'il s'agit de mesurer.

Ces procédés sont ceux de Worm-Müller, Bizzozero, Welcker, Hayem, Quincke et Mantegazza ;

2° Les autres procédés donnent directement des poids absolus d'hémoglobine ou des volumes d'oxygène, théoriquement comparables entre eux. Parmi ceux-ci, plusieurs ont été écartés dans le cours de ce travail, soit à cause de leur inexactitude possible, soit par suite des difficultés qu'ils présentent dans leur application. Ce sont ceux de Brozeit (dosage par l'hématine), de Quinquaud (dosage par le chlore), de Hoppe-Seyler, de Preyer et de Lesser.

3° Les procédés que j'ai trouvés supérieurs à tous les autres et que, pour cette raison, j'ai spécialement étudiés, sont les suivants :

A) Le dosage par l'oxygène absorbé ;
B) Le procédé colorimétrique de Jolyet et Laffont ;
C) Le procédé spectrophotométrique de Vierordt.

A) La quantité maxima d'oxygène absorbée par le sang est proportionnelle à la richesse en hémoglobine.

Tout procédé de détermination de l'oxygène peut donc servir à doser l'hémoglobine.

L'extraction de l'oxygène par la pompe à mercure s'accompagne d'une perte qui varie du cinquième au quart de la quantité totale du gaz.

Des dosages successifs exécutés sur le même sang, à l'aide de ce procédé, diffèrent en moyenne de $0^{cc},25$ pour 100 cent. cubes de sang, ou de $1^{cc},27$ pour 100 cent. cubes d'oxygène. Le plus grand écart observé a été de $0^{cc},60$ pour cent. cubes de sang.

Le dosage par l'hydrosulfite de soude fournit, en moyenne, 4 à 6 cent. cubes d'oxygène en plus que la pompe à mercure ; le rapport des quantités de gaz obtenues dans les deux méthodes, est d'environ de 5 à 4.

Cette différence est due à la consommation d'une partie de l'oxygène par les matières organiques, dont l'action est proportionnée à la durée de l'extraction et à la température à laquelle se trouve porté le sang en expérience.

Dans les conditions de l'opération, l'action réductrice de l'hydrosulfite et de l'indigo blanc sur l'oxyhémoglobine du sang, s'arrête à l'hémoglobine. L'écart entre les chiffres trouvés à la pompe et par l'hydrosulfite de soude n'est pas dû à une décomposition plus profonde de l'hémoglobine et à la formation d'hémochromogène, comme l'ont avancé Rollet et Hoppe-Seyler.

Des essais successifs exécutés sur un même sang diffèrent, en moyenne, de $0^{cc},20$ pour 100 cent. cubes de sang, ou $0^{cc},88$ pour 100 cent. cubes de gaz. L'erreur maxima est de $0^{cc},60$ pour 100 cent. cubes de sang.

On devra, en général, s'abstenir de traduire en hémoglobine les résultats fournis par l'analyse, jusqu'à ce que l'on ait déterminé exactement la quantité d'oxygène que peut fixer l'unité de poids de la matière colorante.

Néanmoins, la détermination de la capacité respiratoire reste du plus haut intérêt clinique, puisqu'elle nous renseigne exactement sur la vraie valeur physiologique du sang.

Les travaux de M. Quinquaud ont suffisamment prouvé que le procédé, quoique délicat, peut être utilisé en clinique.

B) L'appareil employé par MM. Jolyet et Laffont est le colorimètre Duboscq. Le liquide sanguin est comparé, non pas à une solution d'hémoglobine ou de picro-carminate toujours altérable, mais à un verre coloré dont on détermine une fois pour toutes la valeur en hémoglobine.

Cet instrument permet de doser l'hémoglobine avec une approximation moyenne de $0^{gr},25$ pour 100 cent. cubes de sang, ou de $1^{gr},80$ pour 100 gr. de matière colorante.

Il peut servir aux recherches physiologiques, puisque un à deux grammes de sang suffisent amplement pour un dosage très exact.

Si l'on diminue le diamètre de l'un des godets de l'instrument, la quantité minima de sang nécessaire n'est plus que de $0^{cc},05$, ce qui rend le procédé applicable aux recherches cliniques.

Le colorimètre peut également servir à déterminer, avec une exactitude suffisante, la capacité respiratoire d'un sang d'après son épaisseur colorimétrique ; il suffit de fixer, par quelques dosages à l'hydrosulfite, la valeur en oxygène de l'étalon coloré.

Mais ce procédé participe au défaut commun à toutes les méthodes colorimétriques, à savoir qu'il ne dose qu'une matière colorante rouge et qu'il ne peut indiquer les variations de la capacité respiratoire d'un sang qui, tout en gardant sa couleur, aurait perdu son pouvoir absorbant.

C). Le procédé spectrophotométrique permet de constater l'identité optique de toutes les hémoglobines.

Le rapport des coefficients d'extinction d'une solution sanguine dans deux régions spectrales données est constant, si le liquide ne contient qu'une seule matière colorante. Ce rapport varie, au contraire, si des matières colorantes anormales accompagnent l'oxyhémoglobine.

Le coefficient d'extinction d'une solution sanguine exprime sa richesse relative en matière colorante. La détermination du rapport d'absorption faite une fois pour toutes permet de transformer ces résultats en poids absolus d'hémoglobine.

Le procédé spectrophotométrique permet de doser simultanément dans le même sang l'hémoglobine et l'oxyhémoglobine. Il suffit pour cela de le diluer à l'abri de l'air et de prendre le coefficient d'extinction de la solution à la fois dans deux régions spectrales. On peut donc, à l'aide de cet appareil suivre dans leurs transformations réciproques les deux matières colorantes du sang et apprécier en chaque point du système circulatoire l'intensité des phénomènes d'oxydation.

Avec le spectrophotomètre de Vierordt, l'approximation est en moyenne de $0^{gr},28$ pour 100 cent. cubes de sang, ou $2^{gr},25$ pour 100 gr. d'hémoglobine. Avec celui de Hüfner l'approximation est de $1^{gr},23$ pour 100 gr. de matière colorante. Ce procédé est donc d'une utilité incontestable en physiologie, où il permet d'aborder une foule de problèmes insolubles par toute autre méthode et en particulier par l'analyse chimique.

Comme la quantité de sang nécessaire est très faible (de $0^{cc},03$ à $0^{cc},05$), on peut faire à l'aide de ces appareils des dosages cliniques. Mais leur maniement exige des précautions minutieuses et une grande habileté.

INDEX BIBLIOGRAPHIQUE

ANDRAL, Essai d'hématologie pathologique. (Paris, 1843.)

BECQUEREL et RODIER, Recherches sur la composition du sang dans l'état de santé et dans l'état de maladie. (Paris, 1844.)

BERNARD (C.), Leçons sur les effets des substances toxiques. (Paris, 1857.)

BERT (P.), La pression barométrique. (Paris, 1878.)

BIZZOZERO, Il cromo-citometro. Nuovo strumento per dosare l'emoglobina del sangue. (*Atti d. R. Acad. d. Scienze di Torino*. Mai 1879.)

BOUSSINGAULT, Sur la répartition du fer dans les matériaux du sang. (*Comptes rendus*, t. LXXV, 1872.)

BRANLY, Dosage de l'hémoglobine par les procédés optiques. (Th., Paris 1882.)

CONVERT-NAUNYN, Dosages d'hémoglobine par le procédé de Preyer. (*Corresp.-Blatt f. schweiz. Aerzte*, 1871.)

DUNCAN, Beitraege zur Path. und Therapie d. Chlorose. *Sitzungsb. d. naturwissensch. Classe d. kais. Akad*. Bd. LV, II Abth. (Vienne, 1867.)

FERNET (E.), Du rôle des principaux éléments du sang dans l'absorption et le dégagement des gaz de la respiration. (Th., Paris, 1858.)

GUÉRARD, Des erreurs dans la numération des globules. (Th., Nancy, 1879.)

GOVI, De la loi d'absorption des radiations à travers les corps et de son emploi dans l'analyse spectrale quantitative. (*Comptes rendus*, 1877.)

GRÉHANT, Dosage de l'hémoglobine par l'oxygène absorbé. (*Comptes rendus*, t. LXXV, 1872.)

HART (Mme), On the micrometric numeration of the blood-corpuscles and the estimation of their haemoglobin; dans *Académie de médecine*, 1881.

HAYEM, Procédé de dosage de l'hémoglobine. (*Société de Biologie*, 1877.)

HERMANN, Handbuch der Physiologie, 1881.

HOPPE-SEYLER, Med. chem. Untersuch. (Tübingen, 1867-1869.)

Le même, Traité d'analyse appliquée à la physiologie, etc..., traduit par Schlagdenhauffen. (Paris, 1877.)

Hoppe-Seyler, Physiolog. Chemie. (Berlin, 1879.)

Le même, Ueber die Faehigkeit des Haemoglobins der Faeulniss zu wiederstehn. (*Zeitsch. f. physiol. Chemie*, 1, 1877.)

Hufner, Ueber quantitative Spectralanalyse und ein neues Spectrophotometer. (*Journ. f. prakt. Chemie*, XVI, 1877.)

Le même, Zur physikal. Chemie des Blutes. (*Ibid.*, XXII, 1880.)

Le même, Ueber die Quantitaet Sauerstoff welche 1 gr. Haemoglobin zu binden vermag. (*Zeitsch. f. physiol. Chemie*, 1, 1877.)

Le même, Ueber die Bestimmung des Haemoglobin-und Sauerstoffgehaltes im Blute. (*Ibid.*, III.)

Le même, Zur physikal. Chemie d. Blutes. (*Ibid.*, VI, 1882.)

Jolyet, Médecine expérimentale. (Paris, 1882.)

Jolyet et Laffont, Capacité respiratoire du sang par la méthode colorimétrique. (*Société de Biologie*, 1877.)

Koerniloff, Vergleichende Bestimmungen des Farbstoffs im Blute der Wirbelthiere. (*Zeitsch. f. Biologie*, XII, 1876.)

Kuhne, Handbuch der physiolog. Chemie.

Légerot, Études d'hématologie pathologique basées sur l'extraction des gaz du sang. (Th., Paris, 1874.)

Leichtenstern, Ueber den Haemoglobulingehalt des Blutes in gesunden und kranken Zustaenden. (Leipzig, 1878.)

Lesser, Ueber die Vertheilung der rothen Blutscheiben im Blutstrome. (*Arch. f. Anat. u. Physiol. Physiol. Abth.*, 1878.)

Malassez, Sur les procédés de dosage de l'hémoglobine et un nouvel hémochromomètre. (*Arch. de Physiol.*, 1877.)

Mathieu et Urbain, Des gaz du sang. (*Arch. de Physiol.*, 1871.)

Nawrocki, Ueber die besten Methoden den Sauerstoff im Blute zu bestimmen. (*Studien aus dem physiol. Institut zu Breslau*, II, 1863.)

Noel, Étude générale des variations physiologiques des gaz du sang. (Th., Paris, 1876.)

Noorden (v.), Zur quantitativem Spectralanalyse des Blutes. (*Zeitsch. f. physiol. Chemie*, t. IV.)

Paquelin et Jolly, La matière colorante du sang ne contient pas de fer. (*Comptes rendus*, LXXVIII, 1874.)

Pelouze, Sur l'analyse volumétrique du fer contenu dans le sang. (*Compte-rendus,* XV, 1865.)

Picard, Du fer dans l'organisme. (*Ibid.,* LXXIX, 1874.)

Preyer. De haemoglobino observationes et experimenta. (Diss. Bonn., 1866.)

Le même, Die Blutkrystalle. (Iena, 1871.)

Quincke, Ueber Haemoglobulingehalt des Blutes in Krankheiten. (*Arch. f. path. Anat.* LIV, 1872.)

Le même, Ein Apparat zur Blutfarbstoffbestimmung. (*Berlin. klin. Wochensch,* 1878.)

Quinquaud, Chimie pathologique. Recherches d'hématologie clinique. (Paris, 1880.)

Le même, Décolorimétrie (Dosage de l'hémoglobine par le chlore). *Société de Biologie,* 1882.

Rajewski, Ueber die quantitative Bestimmung des Haemoglobulingehalts im Blut. (*Arch. de Pflüger,* XII, 1875.)

Regnard, Sur les variations path. des combustions respiratoires. (Th., Paris, 1878.)

Richet, De l'hémoglobine. (*Progrès médical,* 1879.)

Rollet, Handbuch d. Physiologie de Hermann. Art. *Sang.*

Schutzenberger et Rissler, Dosage de l'oxygène par l'hydrosulfite de soude. (*Bulletin de la Société chimique,* XX, 1873.)

Subotin, Variations de l'hémoglobine avec l'alimentation. (*Zeitsch. f. Biologie,* VII.

Vierordt (K.), Die Anwendung des Spectralapparates zur Messung, etc... (Tübingen, 1871.)

Le même, Die Anwendung des Spectralapparates zur Photometrie der Absorptionsspectren und zur quantitat. chem. Analyse. (Tübingen, 1873.)

Le même, Die quantitative Spectralanalyse in ihrer Anwendung auf Physiol., etc. (Tübingen, 1876.)

Le même, Die graphische Darstellung der Absorptionsspectren. (*Poggendorff's Ann.,* CLI, 1874.)

Le même, Physiologische Spectralanalyse. (*Zeitsch. f. Biolog.,* X, 1874.)

Vogel (H. W.) Praktische Spectralanalyse irdischer Stoffe. (Noerdlingen, 1877.)

Wagner, Handwœrterbuch d. Physiologie.

Welcker, Ueber Blutkoerperchenzaehlung und farbenprüfende Methode. (*Vierteljahrssch. f. d. prakt. Heilkunde*, XLIV, 1854.

Wiskemann, Spectralanalytische Bestimmungen des Haemoglobingehalts des menschlichen Blutes. (*Zeitsch. f. Biologie,* XII, 1876.)

LÉGENDE

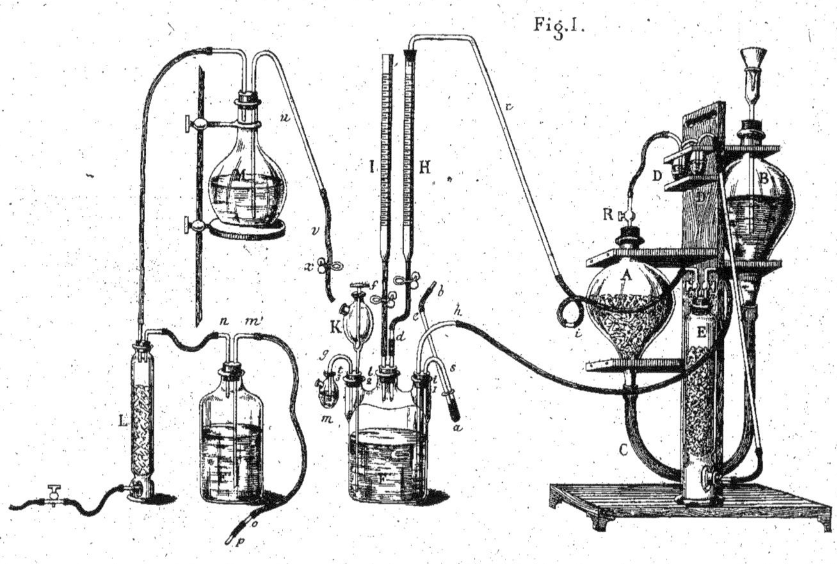

Fig. I.
u
M
v
x
n m'
L
I H
K
g
m
b
h
e
d
s
a
o
p
R
D
D
B
A
i
E
C

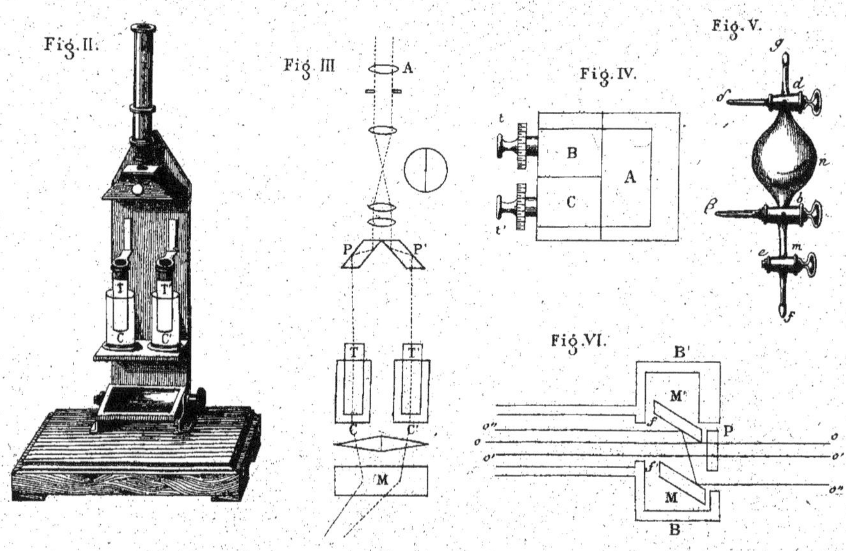

Fig. II.
Fig. III.
A
T T'
C C'
P P'
T T'
C C'
M
Fig. IV.
t
B
C
A
t'
Fig. V.
g
d' d
a' n
β b
e m
f
Fig. VI.
B'
M'
o'' f P
o o
o' o'
f
M o''
B
Lith. H. Christophe. Nancy

TABLE DES MATIÈRES

Pages.

TROISIÈME PARTIE.

DISCUSSION DES RÉSULTATS ET CONCLUSIONS.

Nancy. — Imp. Nancéienne, 1, rue de la Pépinière, Direct. : Gébhart.